人类在
自然界的位置

[英]托马斯·亨利·赫胥黎 著　　李思文 译

陕西师范大学出版总社

图书代号　SK21N2055

图书在版编目（CIP）数据

人类在自然界的位置 /（英）托马斯・亨利・赫胥黎著；李思文译．—西安：陕西师范大学出版总社有限公司，2022.2（2024.4 重印）

ISBN 978-7-5695-2435-2

Ⅰ.①人…　Ⅱ.①托…　②李…　Ⅲ.①古人类学　Ⅳ.① Q981

中国版本图书馆 CIP 数据核字（2021）第 175659 号

人类在自然界的位置

RENLEI ZAI ZIRANJIE DE WEIZHI

［英］托马斯・亨利・赫胥黎　著　李思文　译

出 版 人　刘东风
特约编辑　贺云娇
责任编辑　高　歌
责任校对　刘　定
封面设计　李雅楠
出版发行　陕西师范大学出版总社
（西安市长安南路 199 号　邮编 710062）
网　　址　http://www.snupg.com
印　　刷　北京雁林吉兆印刷有限公司
开　　本　787 mm×1092 mm　1/16
印　　张　14
字　　数　170 千
版　　次　2022 年 2 月第 1 版
印　　次　2024 年 4 月第 2 次印刷
书　　号　ISBN 978-7-5695-2435-2
定　　价　59.00 元

告读者

在过去的三年中，我曾对不同行业的听众演讲过本文的大部分内容，并已经以演讲集的形式出版了。

对于本文的第二部分内容，我曾在1860年对工人们讲过六次，又在1862年对爱丁堡哲学学会的会员们讲过两次。在演讲过程中，我发现听众十分了解我的观点，这使我了解到我并没有像一般科学工作者那样，喜欢用无关紧要的术语来模糊自己的意思，导致读者难以理解。我对这一问题的各个方面都进行了长时间的思考，所以文中的结论无论正确与否，都不是草率得出来的，这一点也许可以使读者满意。

托马斯·亨利·赫胥黎

1863年1月于伦敦

Man's Place In Nature

目 录

CONTENTS

Man's Place In Nature

第一章
类人猿的自然史

如果用现代严谨的科学研究方法去检测的话，一些古老的传说都会像梦一样消逝了；但奇怪的是，这种传说经常是一个半睡半醒的梦，可以预测现实。奥维德曾经预测过一些地质学家的发现：亚特兰蒂斯本来是一个想象出来的地方，但是哥伦布发现了西方世界；之前那些半人半马或者半人半羊的形象只是在艺术品中出现，但是现在在现实生活中的确存在一种与人类身体构造相似的生物。这些像神话传说中的半人半马或半人半羊一样的生物，不仅已经被发现，而且是众所周知的了。

1598年，皮加费塔根据葡萄牙水手洛佩兹的笔记创作的《刚果王国实况记》，是我所见过的最早的关于类人猿的记载。这本书的第十章（标题为《这个地区的动物》）中有一段关于类人猿的简要记载："在泽雷河河畔的松冈地区，很多类人猿通过模仿人类的姿势来博得王公贵族一笑。"因为这种记载对任何类人猿都适合，所以如果没有德布里兄弟的木刻插画，我未必能注意到它。在以《论证》为题的第十一章中，德布里兄弟画了两幅题为《使王公贵族们开心的类人猿》的插画。图1就是很忠实地照德布里兄弟的木刻画临摹下来的。在图画中，这些类人猿都是无尾、长臂、大耳，并且大小与黑猩猩相似。也许这些类人猿和有两翼两足、头似鳄鱼的龙一样，是那对具有创造性的兄弟想象出来的，否则就可能是画家根据关于大猩猩或者黑猩猩的真实描述绘制而成的。无论如何，这些图画还是值得一看的。17世纪，一个英国人对这种动物做了最早的记载。

图1　使王公贵族们开心的类人猿（德布里兄弟，1598年）

那本最有趣的古书《帕切斯巡游记》的第一版，是在1613年出版的。这本书引用了一个被帕切斯称为“安德鲁·巴特尔”的人的许多谈话。帕切斯说：“安德鲁·巴特尔（我的一个住在埃塞克斯郡利城的邻居）在圣保罗城的西班牙国王手下的总督佩雷拉那里当兵，他曾经和总督一起到安哥拉的内地旅行。”他又说：“我的朋友安德鲁·巴特尔在刚果王国住了很多年。那时他因为与葡萄牙士兵（安德鲁·巴特尔是这个队伍中的中士）发生了争执而躲到丛林中避难，在那里居住了八九个月。”从这个饱经风霜的老兵口中，帕切斯非常惊讶地听到：“有一种‘大猿’，虽然整个体形与男人和女人相似，身长和人相仿，但是这种‘大猿’的四肢比人的四肢大一倍，并且拥有强大的体力，全身还长满了毛。[1] 它们用森林里的水果充饥，晚上则睡在树上。”

与上述记载相比，《帕切斯巡游记》（1625年）第二部分的第三章虽然对问题的表述更为详细、清楚，但是不那么准确。这一章的标题为《住在埃塞克斯郡利城的巴特尔的奇异历险记：巴特尔作为葡萄牙人的俘虏被流放至安哥拉，并在那里及周边地区住了近十八年》。这一章第六节的标题为《关于邦戈、卡隆戈、马永贝、马尼克索克、莫廷巴斯等省，关于猿人庞戈及其狩猎情况，偶像崇拜，以及其他各种观察》。

> 卡隆戈省东接邦戈，北连马永贝；马永贝离卡隆戈沿岸有19里格[2]。
>
> 马永贝省境内森林众多，走在林中可能二十日不见阳光，而且不觉得炎热。这里不长任何谷类，当地居民以香蕉、各种草木的根和坚果为食物，这里也没有牛羊和家禽。
>
> 但是他们将大量大象肉作为珍品贮藏起来，同时还储存了大

[1] 猿与人类的不同之处，只是猿的腿上没有小腿肚而已。《帕切斯巡游记》（1626年）的页边注解是这样写的：“这种大型猿叫作庞戈。”

[2] 1里格=3英里；1英里=1.609千米。——编者注

量野兽的肉和鱼。内格罗角[1]北面2里格处，有一个多沙的大港湾，这就是马永贝的港口。葡萄牙人有时用这个港口运输苏木。这里还有一条河叫作班纳河。到了冬天，班纳河就开始泛滥。因为有季风，最终沙滩成了大海。但在太阳南斜时，天就开始下雨，水面很平静，即使是小船也可以溯流而上。河很大，河上有很多岛屿，岛上还有人居住。在那茂密的森林里，到处都是狒狒、猿、猴和鹦鹉等。无论是谁，独自在森林中旅行时，都会觉得害怕。还有两种特别可怕的怪物经常在森林里出没。

在这两种怪物中，大的怪物土语叫作庞戈，还有一种较小的叫作恩济科。庞戈和人类的身体比例较为相似。它身体很高大，身高更接近人类中的巨人。这种怪物的脸长得很像人，眼窝深陷，头上长有长毛。除了脸、耳朵和手上没有毛外，庞戈遍体都是暗褐色的毛，但不是很密。

除腿部外——它的腿上没有小腿肚，庞戈和人类之间没有什么差异。庞戈用两只脚行走，走路时，两手抱着颈背。它们睡在树上，并在树上建造一些遮蔽物，以遮挡雨水。因为它们不吃肉类，所以经常在林中觅食水果和坚果。它们不会说话，和其他动物一样没有多少智力。当地人在森林中旅行时，经常在夜间就寝的地方点燃篝火。等到第二天早上游人离开后，许多庞戈就来到篝火旁，团团围坐，直到篝火熄灭，可见它们不懂得向火中添加木料。庞戈成群来往，经常在林中杀死旅行的黑人。它们经常袭击到它们住所附近觅食的大象，用它们那棍棒状的拳头和木棒打

[1] 据帕切斯的记载，内格罗角在南纬16度。

大象，大象就吼叫着逃走了。庞戈很强悍，从来无法捉到活的，据说即使有十个人，也不能捉到一个庞戈，但是当地人能用毒箭捉住一些庞戈的幼崽。

庞戈的幼崽常用手紧紧地抱着母亲的肚子，因此当地人在杀死雌庞戈时，就可以生擒吊在雌庞戈身上的幼崽。

庞戈死亡时，它的同类就用在森林中容易找到的大量的树枝和木头来掩盖尸体。[1]

想要确定巴特尔所讲的确切地区，看来并不困难。卡隆戈很确定就是现在地图上称为卢安戈的地方。马永贝现在仍在卢安戈以北沿海岸 19 里格的地方。至于基隆戈（或基隆加）、马尼克索克及莫廷巴斯等，地理学家至今未能指出这些地方的确切位置。因为卢安戈本身在南纬 4 度，所以巴特尔所说的内格罗角并不是现今位于南纬 16 度的内格罗角。但是，巴特尔所说的班纳河，与现在地理学家所称的卡马河和费尔南德 · 瓦斯河基本相符。这两条河在非洲这一段的海岸形成了一个大三角洲。

卡马区位于赤道以南约一度半。赤道以北数英里处，有一条加蓬河。在赤道以北一度左右还有一条莫尼河——近代博物学家都知道，曾经在这两个区域捕捉到最大的类人猿。现在住在这些地区的

[1]《帕切斯巡游记》第 982 页的页边注中写道："庞戈是一种大猿。巴特尔和我在一起时，曾对我说：有一个庞戈曾经将一个黑人儿童掳去，这个黑人儿童与这些庞戈一起住了近一个月。庞戈不伤害在无防备的情况下被抓去的人。但如果这个人去监视庞戈，就会遭到袭击了。不过这个黑人儿童没有这样做。据这个黑人儿童讲，庞戈身高如人，但身围比人大一倍。我曾见过这个黑人儿童。另一个怪物长什么样，巴特尔忘记说了。他的笔记在他去世后才落入我的手中，否则我就当面问他了。他所说的另一种怪物，也许是能杀人的矮小庞戈。"

人，把栖息在那里的两种猿中较小的一种称为恩济科或努希戈。所以巴特尔所记述的确实是他自己看到的，至少是根据住在非洲西部的居民所说的情形描述的。虽然恩济科是巴特尔所说的“另一种怪物”，但他却“忘了说”它的性质。至于庞戈——人们将这个名字用在详细描述其特点和习性的动物上——好像已经消失了，至少它最初的形态和意义已经不复存在。的确，不仅在巴特尔的时代，而且在最近，“庞戈”这个名字与之前使用它时相比，意义已经完全不同了。

例如，我正在引用的帕切斯著作中的第二章，包括《几内亚黄金王国的描述和历史性宣言等，由荷兰文翻译过来并且和拉丁文做过对照》一节，这里面（第986页）提道：

> 加蓬河位于安哥拉河以北15英里，洛佩·贡萨尔维斯角以北8英里，距圣托马斯15英里，正好在赤道线以下，是一大片著名的土地。加蓬河口在水深3~4英寻[1]的地方有一片沙洲。从河口流入大海的河水，强烈地冲击着这片沙洲。河水在入口处至少有4英里宽，但当你到达一个叫作庞戈岛的地方时，就至多只有2英里宽了……河水两岸密林遍布……庞戈岛上还有一座奇异的高山。

法国海军军官们也在书信中用与上文类似的话，记载了加蓬河的宽度以及海岸、许多树木的情况，那里还有从河口冲出的迅猛的水流。

[1] 1英寻=6英尺=1.828 8米。——编者注

这些军官们的书信附在已故的圣·希莱尔关于大猩猩的著作后面。根据军官们的描述，在加蓬河的河口有两个岛：一个较低的岛叫作佩罗魁岛；另一个较高的岛叫作科尼魁岛，上面有三座圆锥形的山。一位名叫弗朗凯的军官曾经提道：以前科尼魁的酋长叫作孟尼-庞戈，即庞戈的主人的意思。努庞杰人将加蓬河称为努庞戈（这与萨维奇博士的观点基本相符，他证实当地人称他们自己努庞戈）。

在与野蛮人打交道的过程中，他们描述事物时所使用的词汇最容易遭到误解，所以我认为巴特尔所使用的"大怪物"的名字与它们所居住的地方的名字混淆了。但他对其他问题（包括"小怪物"的名称在内）的描述却没有错误。如果对那个老旅行家的话也产生怀疑，那就未免太过分了。另一方面，我们将发现一百年后，一位航海者会提到"博戈"这个名字。这个名字是非洲一个叫塞拉勒窝内的地方的居民用来称呼一种大猿的。

但是，我必须将这个问题留给语言学家和旅行家解决；在类人猿距今较近的历史里，"庞戈"这个词扮演了特殊的角色，否则我绝不会用这么长的篇幅来讨论它。

比巴特尔晚一代的人们看到第一个被运到欧洲的类人猿，或者说，这个类人猿的到访至少可以载入史册。1641 年出版的托尔皮乌斯的著作《医学观察》的第三卷第五十六章（或节）记载了一种被他称为"印度半羊人"的动物，"东印度群岛的人将其称为奥兰乌旦或森林人，非洲人则将其称为魁阿斯·莫罗"。他在其中放了一幅很好的插图（图 2）。很显然，这幅图是按照这种动物活的标本，即献给奥兰治亲王亨利的"从安哥拉送来的宝物"的标本写生而来。托尔皮乌斯说它像 3 岁的孩子那样大，但和 6 岁的孩子一样结实。它的后背

图 2　托尔皮乌斯的“猩猩”（1641 年）

上长着黑毛。很明显，这是一只年幼的黑猩猩。

那时，人们已经对亚洲其他种类的类人猿有了一定的了解，但最初这些类人猿都带有一些神秘色彩。就像蓬提乌斯所提供的关于他取名为“奥兰乌旦”的动物的文字和图片就是荒谬可笑的。虽然他说“这个肖像是根据我见到的实物画的”，但这个肖像（图 6 为霍皮乌斯照原图描绘的作品）只是一个体毛较密的外貌清秀的女人，其身材比例和脚的大小都与人类一样。明智的英国解剖学家泰森完全可以这样理直气壮地评论蓬提乌斯的描述：“我不相信整个描述。”

泰森和他的助手考珀最早对类人猿做了科学、精确、完整的记载。他们于 1699 年在皇家学会发表的那篇名为《奥兰乌旦，森林人或侏儒与猴、猿和人解剖学比较》的论文，的确是一篇里程碑式的文献，并且在某些方面可以作为后人研究的典范。泰森告诉我们：“这些‘侏儒’来自非洲的安哥拉，但最初是被人从安哥拉的内陆贩卖来的”；它的毛发“直且黑如煤炭”；“当它像四足动物一样行动时则显得十分笨拙。它行走时，不是把手掌平放在地面上，而是用指关节着地。这是我在它虚弱得无力支撑自己的身体时观察到的”；“从头到脚的直线高度有 26 英寸”。

即使没有泰森提供的栩栩如生的绘图（图 3、图 4），这些特征也完全可以证明，他所说的“侏儒”就是年幼的黑猩猩。后来，我偶然得到检查泰森解剖的那只动物的骨架的机会。[1] 我有充足的证据证明它的确是一只年幼的黑猩猩。虽然泰森认同“侏儒”与人的相似之处，但他并没有放过二者之间的差异。他在研究报告中总结了四十七处“奥兰乌旦（或称侏儒）比猿和猴更像人类的地方”，然后用三十四个简短的段落阐释了“奥兰乌旦（或称侏儒）与人类不同，但更像猿和猴的地方”。

图 3& 图 4　按照泰森绘制的图缩小的“侏儒”（1699 年）

在对当时的所有相关文献做了全面研究后，泰森得出的结论是：被他称为“侏儒”的生物完全不是托尔皮乌斯和蓬提乌斯所说的“奥兰乌旦”，也不是达珀（或者说是托尔皮乌斯）所说的魁阿斯·莫罗，更不是巴里斯所说的达斯科，也不是巴特尔所讲的庞戈，而是一种同古代侏儒类似的猿类。与此同时，泰森说“虽然这种动物比类人

[1] 很感激切尔滕纳姆的著名古生物学家怀特教授告诉我这个有趣的遗骸的情况。泰森的孙女嫁给了切尔滕纳姆的名医阿勒代斯，而这个“侏儒”的遗骸就是她的嫁妆之一。阿勒代斯医生把遗骸献给了切尔滕纳姆博物馆，在我的朋友怀特博士的帮助下，管理员才允许我借用这个馆中最著名的展品。

猿和我所知道的世界上的其他动物都更与人相似，但绝对不能把它视为人和动物杂交的产物。它是一种兽类的后裔，类人猿中一个特殊的种类”。

“黑猩猩”这个名称从18世纪上半叶开始用于称呼非洲的一种众所周知的猿类，但在那个时期，我们只能通过1744年威廉姆·史密斯所著的《几内亚新旅行记》了解非洲类人猿。

在书的第51页，在描述塞拉勒窝内的动物（图5）时，作者写道：

> 接下来我将描述一种非常奇特的动物。这种动物被那个地方的白人称为曼特立尔，但我不知道它为什么被这样称呼。在此之前我从来没听到过这个名字，只知道它们与人类十分相似，但是与猿完全不同。它们在成年后，体格和中等身材的人相似，但腿更短，脚更大，手和臂的比例相称。头部大得有些畸形，面部又宽又平，除了眉毛，没有其他毛发；鼻子很小，嘴大唇薄。被白色皮肤覆盖的面部丑得可怕，上面布满了像老人一样的皱纹；牙齿大而黄；手部和面部一样都没什么毛发，也同样是白色的皮肤，而身体的其他部位都覆着一层像熊一样的又长又黑的毛。它从不像猿那样用四肢行走；当发怒或被戏弄时，会发出如孩童哭泣般的声音……
>
> 当我在舍布鲁时，有一个名叫坎梅布斯的人——这个人我以后有机会再讲——送给我一个怪兽，这个怪兽被当地人叫作博戈。它是一只只有六个月大的雌兽，但体型已经比成年的狒狒还要大。它是一种非常温柔的动物。我把它交给一个知道如何饲养它的仆人来管理。但是每当我离开甲板时，水手们就开始戏弄它：

有些人爱看它流泪哭泣，还有些人讨厌它流着鼻涕的鼻子。有一次，有一个人要伤害它，饲养它的黑人就去阻止，那个人问黑人是否喜爱他的女同胞，还问是否想把它当作老婆，那个黑人立刻回答说:“不，它不是我的妻子。这是一位白人女性，适合做你的妻子。”我想黑人这番不合时宜的辩解，加速了它的死亡。第二天早上，人们在绞盘下发现了它的尸体。

图 5　摹画的史密斯的曼特立尔（1744 年）

威廉姆·史密斯所说的曼特立尔[1]或博戈，从他的描述和插图看来，毫无疑问是猩猩。

无论是亚洲猿还是非洲猿，林奈都没有通过自己的观察去了解它们，但他的学生霍皮乌斯在论文《人形动物》（发表于瑞典科学院论文集 VI）里表达的可能就是林奈对于这些动物的见解。

[1] 曼特立尔也许是类人猿的意思。这个单词中的“特立尔”，在古代英国用来称呼猿或狒狒。在布朗特所著的《难字词典》(1681 年第五版，即现今英语中用于解释难字的词典，对于读者理解书极有用处）里，我看到“特立尔”是一个石工的工具，他用这个器具在大理石上钻小孔，等等。另外，成年猿和狒狒也被这样称呼。“特立尔”在查尔顿的《动物字典》(1688 年）上，也是这个意思。至于布丰说的关于这个单词的词源，很难被认为是正确的。

图 6　林奈的人形动物

下面用一张插图来说明这篇论文。图 6 就是那幅图的缩绘版。这张图描绘了（从左到右）：（1）蓬提乌斯的穴居人；（2）艾德罗凡迪的魔人；（3）托尔皮乌斯的半羊人；（4）爱德华兹的侏儒。图中的“蓬提乌斯的穴居人”是照蓬提乌斯虚构的奥兰乌旦绘制的拙劣的模仿图，但林奈对它的存在深信不疑。他在所著的《自然系统》的标准版里把那个动物列为人的第二种类，即“夜人”。“艾德罗凡迪的魔人”是照艾德罗凡迪所著的《胎生四脚兽》（1645 年）一书第二卷第 249 页，标题为《从中国来的叫作巴比利乌斯的稀奇猿》的插图临摹下来的。霍皮乌斯认为这是一种长有猫尾的人类，尼古拉斯・科平断定这些猫尾人吃了船上所有的人。在《自然系统》一书中，林奈在一个附注中把它叫作“有尾人”，并把它看作人类的第三个种类。据特明克说，“托尔皮乌斯的半羊人”是照斯科汀在 1738 年发表的黑猩猩的图描绘下来的，但我并没有见过原作。它在《自然系统》中被叫作“印度半羊人”，林奈认为它可能与“森林半羊人”不是同一种。最后叫作“爱德华兹的侏儒”的图，是照“森林人”，即真正的猩猩幼儿的图描绘下来的。这个图见于爱德华兹的《博物学拾遗》（1758年）一书。

布丰比他的对手林奈幸运。他不仅得到了一个研究活的小黑猩猩的难得机会，还得到了一个成年的亚洲类人猿的标本——这是这么多年来运往欧洲的唯一的成年类人猿。在多布顿的大力帮助下，布丰对这个生物做了完美的描述。他把它称为长臂猿。这就是现代的白掌长臂猿。

1766年，布丰在编写他的著作的第十四卷时，见过一种年幼的非洲类人猿和一种成年的亚洲类人猿，同时他还看过关于猩猩和曼特立尔的报告。此外，普雷沃斯特传教士在他所著的《航海史》（1748年）中，把帕切斯的《帕切斯巡游记》中的很多部分译成了法语。布丰在《航海史》里见到了巴特尔关于庞戈和恩济科的记述的译文。布丰尝试把所有材料都融合到自己著作中题为《猩猩或庞戈与焦科记》的那一章里。这个题目的附注如下：

> 在东印度群岛，这个动物被称为奥兰乌旦。在刚果的洛万多省，这个动物被称为庞戈。在刚果，这个动物被叫作焦科或恩焦科——我们采用了这种称呼。其中，“恩”是冠词，可省略。

由此，安德鲁·巴特尔命名的“恩济科”就更名为“焦科”了，而这种叫法，因为布丰的著作很流行，所以传遍了全世界。普霍沃斯特传教士和布丰大幅度地删改了巴特尔真实的陈述，而不仅仅是省略了一个冠词“恩”。据巴特尔说，“庞戈不会说话，而且不比其他兽类有更好的理解能力”，这句话被更改成了“虽不会说话，但比其他野兽有更好的理解能力”。此外，帕切斯还说过：“在我与他的交谈中，他跟我说，有一个庞戈掳走了一名黑人儿童，并让他和它们同住了一个月。”这被布丰译为“一个庞戈把他的一名黑人儿童掳去，使他在动物的社会里住了整整一年”。

在引用了大量关于庞戈的记录后，布丰正确地提出，迄今为止被带到欧洲的焦科和猩猩都是幼兽。他还认为它们成年后可能会变得像庞戈和大型猩猩一样巨大。因此，他暂且把焦科、猩猩和庞戈都看成同一种类。也许这种观点与当时的知识水平是相称的。但是布丰未能看出史密斯的曼特立尔和他的焦科的相似之处，而是把曼特立尔和一个像青脸狒狒那样与之完全不同的动物混同起来，这就让人难以理解了。

二十年后，布丰改变了自己的观点，并发表了自己确信的看法：猩猩构成了一个属，下面有两个种——大的是巴特尔的庞戈；小的是焦科，即一种东印度群岛的猩猩。而那种他自己和托尔皮乌斯观察到的来自非洲的年幼的动物不过是庞戈的幼兽罢了。

与此同时，荷兰的博物学家沃斯梅尔在1778年发表了一篇极好的关于一只被送到荷兰去的活的猩猩幼崽的记述，其中配有插图。他的同胞、著名解剖学家皮特·坎佩尔在1779年发表了一篇关于猩猩的论文。这篇论文同泰森关于黑猩猩的论文具有同样的价值。他解剖了几只雌性和一只雄性猩猩，从它们的骨骼和牙齿的生长状态，正确地推断出它们都是幼兽。另外，通过与人类做比较，他推断这些幼兽成年后也不会超过4英尺高。除此之外，他非常了解东印度群岛的猩猩的种别特征。

他说:“跟泰森的侏儒和托尔皮乌斯的猩猩不同，猩猩不但有特殊的毛色和长趾，整个外部形态也和它们不一样。从比例上说，它的手臂、手掌和脚都比较长，拇指却很短，大脚趾也很小。真正的猩猩，即亚洲的猩猩、婆罗洲的猩猩，并不是希腊人（特别是加伦）所描述的无尾猿。它也不是庞戈或焦科，或托尔皮乌斯所说的猩猩，或泰森的侏儒——它是一种特殊的动物。根据它们的发音器官和骨骼，我将在以下几章中清晰地阐明这一观点。”

几年后，东印度群岛上荷兰殖民地总督府中的一位高级官员拉德马赫尔——他也是巴达维亚文理学会的一名在籍会员——在学会专刊的第二部分中，发表了关于婆罗洲的记述。这篇文章写于1779~1781年，除了记载很多有趣的事情以外，还有一些关于猩猩的记录。据他说，小型猩猩就是沃斯梅尔和爱德华兹所说的猩猩，仅产于婆罗洲，主要栖息在马辰、曼帕瓦、兰达克一带。在东印度群岛旅居期间，他曾见过五十余只这种小型猩猩，但没有一只身高超过2.5英尺的。大型种经常被视为怪物。如果没有侨居雷姆班的帕尔姆的努力，恐怕至今人们仍旧把它看作一种怪物。帕尔姆从兰达克回坤甸的时候，射杀了一只大型猩猩，用酒精将其浸制后送到巴达维亚，以便运回欧洲去。

帕尔姆在信中记述了捕获这种大型猩猩的情况:“现在有一只猩猩，连信一同送给阁下。在很长一段时间里，我出价一百多维尼卡币作为赏金，让本地人替我找一只四五英尺高的猩猩。今天早晨8点，我终于听到了关于它的消息。在离兰达克约有一半路程的密林中，我们花了很多时间，想尽办法，活捉了这只凶恶的野兽。为了防止它逃掉，我们甚至忘记了吃饭。我们又要防范它报复我们，因为它不断地用手折下树干和新鲜的树枝向我们投掷。这样相持到下午 4 点，我们才决定用枪射击。我这次的射击非常成功，比我以前从船上射击时好很多，子弹正好从猿的胸膛旁射入，因而它并没有受到很大的伤害。我们把它运到船上时，它还活着。我们把它紧紧地缚了起来。第二天早上，它因伤死去了。我们的船到达坤甸时，那里的人都上船来看它。”帕尔姆测量了它的身高，从头到脚的长度是 49 英寸。

冯·武尔姆男爵——一位很有才智的德国官员——当时在荷兰东印度公司任职并兼任巴达维亚学会秘书。他曾研究过这个动物。他在一篇题为《婆罗洲的大型猩猩或东印度群岛的庞戈》的文章中细致地描述了这个动物，该文章登载在巴达维亚学会学报里。1781 年 2 月 18 日，冯·武尔姆在完成其记述后，在从巴达维亚发出的一封信中写道:“这个猩猩的酒浸标本曾运赴欧洲，准备作为奥林奇亲王的收藏品；但不幸的是，我们听说，那艘船在途中失事了。”冯·武尔姆于当年去世，这封信是他的遗作。但是，在巴达维亚学会学报第四部分上发表的他的遗稿里，有关于一个 4 英尺高的雌性庞戈的简短描述，并附有各种测量数据。

冯·武尔姆的记述所依据的原始标本是否被送到了欧洲？很多人猜想那些标本已经被送到了欧洲，但是我对这件事表示怀疑。因为在《坎佩尔文选》第一卷第 64 ～ 66 页的《猩猩记》一文中，坎佩尔在附记中提到了冯·武尔姆的论文，并写道:“至今，还未曾在欧洲见到过这种猿。拉德马赫尔送给我一个这种动物的头骨，这个猿有 53 英寸，即 4 英尺 5 英寸高。我曾把关于它的一些草图送到迈因斯市的佐默林那里去。这些图的尺寸比较正确，虽然不是各部分的实际大小，但能较好地表示其外形。”

这些草图已经由费希尔和卢策在1783年复制出来（图7）。佐默林在1784年收到了这些草图。如果冯·武尔姆的标本已经送到了荷兰，那么坎佩尔当时不会不知道。但是坎佩尔又说:“在这之后，也许又抓到了几只这样的怪物，因为我仅在1784年6月27日，在奥林奇亲王的博物馆里看见过一个以前送到馆里陈列的虽然完整，但组装得非常拙劣的猩猩骨骼标本。那个标本的高度超过了4英尺。1785年12月19日，我再次去看时，这副骨架已经被聪明的奥尼姆斯重新组装好了。”

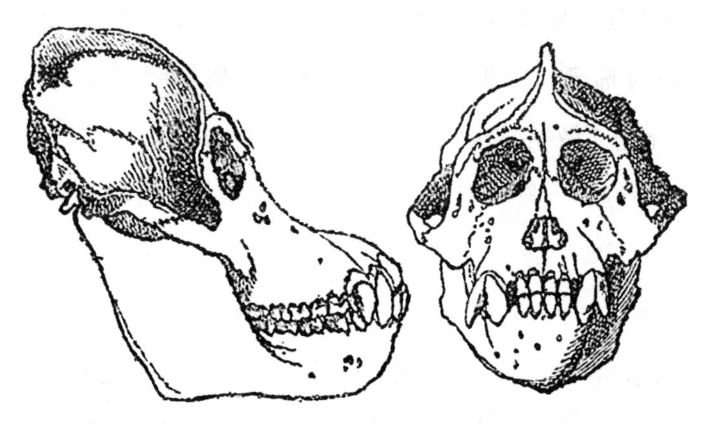

图7　拉德马赫尔送给坎佩尔的庞戈的头骨（这张图是由卢策根据坎佩尔描绘的原图复制的）

这副骨架无疑就是一直被称为冯·武尔姆的庞戈的骨架，但并不是冯·武尔姆所描述的那个动物的骨架，尽管二者基本相同。

坎佩尔进而对这个骨骼的一些重要特征做了标注，打算以后再对其进行详细描述。但很明显，他并没搞清楚这个大庞戈和他的“小猩猩”之间的关系。

坎佩尔的进一步研究始终没有实现。而冯·武尔姆的庞戈作为一种类人猿，与黑猩猩、长臂猿和猩猩并列在一起，成为类人猿中的第四个种。其实，庞戈和当时所知道的黑猩猩或猩猩迥然不同。因为当时所观察到的黑猩猩和猩猩的标本，都是身材矮小，外貌似人，性格温柔；而冯·武尔姆的庞戈是比它们大了将近一倍的怪物，力气很大，性情凶猛，表情很像野兽，突出的嘴里有坚硬的牙齿，面颊上有两块肉鼓起来，样子很难看。

最终，这个庞戈的骨架被革命军从荷兰弄到了法国。圣·希莱尔和居维叶为了证明这个庞戈与猩猩完全不同，而与狒狒近似，他们在1798年发表了关于这个标本的记述。

居维叶甚至在《动物学概论》和他的巨著《动物界》的初版里，把庞戈列为狒狒的一种。然而，1818年，居维叶改变了自己的主张——他采用了数年前布鲁门巴哈和提勒修斯提出的观点，认为婆罗洲的庞戈不过是一只成年的猩猩罢了。1824年，鲁道夫根据牙齿的排列状况，证实了历来所记载的猩猩都是幼兽，并提到成年动物的头骨和牙齿也许与冯·武尔姆的庞戈的头骨和牙齿相同。与以前的研究结果相比，鲁道夫的主张更加充分和完善。在《动物界》的第二版（1829年）里，居维叶从“全身各部分的比例”及“头部孔口和骨缝的配置”，推定庞戈就是成年猩猩，“至少也是和猩猩有密切关系的一个种”。关于这个结论的所有疑问，最后全部通过欧文教授在1835年发表在《动物学学报》上的论文和特明克的《哺乳动物学专刊》解决了。特明克的论文用详尽的证据证明了猩猩在其年龄、性别等方面所发生的变化。蒂德曼最先发表了关于猩猩幼崽的脑子的文章。桑迪福特、米勒和施勒格尔描述了成年猩猩的肌肉和内脏，并且最先发表了关于东印度群岛大猿在自然状态下的习性的详尽而可靠的记载。之后许多学者的研究成果使我们对猩猩的成体有了更多的了解。

猩猩仅分布于亚洲的婆罗洲和苏门答腊等岛。从这一点来看，猩猩一定是冯·武尔姆的庞戈，而不是巴特尔的庞戈。

因为研究工作中不断的发现，所以我们不仅知道了猩猩的来历，还知道了分布在东方的其他类人猿只是长臂猿的几个种。这些猿的体格较小，所以不像猩猩那样引人注意，但是它们分布很广，因而便于观察。

巴特尔的庞戈和恩济科所栖息的地理区域，虽然比发现猩猩和长臂猿的地方更靠近欧洲，但是我们对非洲类人猿的认识却增进得比较慢。实际上，关于英国古代探险家的真实记录直到近几年才被充分了解。1835 年，欧文教授在《动物学学报》上登载了一篇题目为《黑猩猩和猩猩的骨骼》的论文后，人们才对成年黑猩猩的骨骼有所了解。这篇论文通过精确的描述、仔细的对比和优美的插图，在帮助我们认识黑猩猩的骨骼，甚至是所有类人猿的骨骼方面，开辟了一个历史新纪元。

这篇论文详细地记载了年老的黑猩猩与泰森、布丰、特雷尔所知道的年幼的黑猩猩，在大小、外貌上完全不同；年老的猩猩与年幼的猩猩之间也存在这样的差异。之后，萨维奇和美国传教士兼解剖学家怀曼的重要研究，不仅证实了欧文的结论，而且增加了很多新的资料。

在萨维奇博士的许多可贵的发现中，最有趣的是居住在加蓬地区的人现在把黑猩猩叫作恩契埃科——这个名称很明显与巴特尔的恩济科相同。这个发现已经被后来的研究证实。既然已经证实了存在巴特尔的“小怪物”，我们当然可以推测也会发现他所说的“大怪物”——庞戈。事实上，在 1819 年，近代旅行家鲍迪奇就已经从当地人那里获得了可靠的证据，证明有第二种大猿的存在，这种猿叫作印济纳，

“5 英尺高，肩宽 4 英尺”，它建造了一个简陋的房子，自己却在屋子外面睡觉。

1847 年，萨维奇博士得到一个极好的机会，对补充关于类人猿方面的知识做出了重要贡献。那时他被迫滞留在加蓬河边，因而在一位驻守在那里的传教士威尔逊的住宅里见到了一个头骨。据当地人说，那个头骨属于一种类似猿的动物，它的大小、狰狞的样子及习性等，都很引人注意。萨维奇博士说：“从这个头骨的轮廓和几个对其有所了解的本地人的讲述来看，我相信拥有这个头骨的猩猩属于一个新品种。我把这个见解告诉了威尔逊，并表达了要继续研究的愿望：如果有可能的话，我还想找到一个这种猩猩的样本——死的活的都可以——用作观察研究。”萨维奇和威尔逊两人共同研究的结果是：他们不但得到了关于这种新生物的习性的完整记述，而且使上面提到过的卓越的解剖学家怀曼得到了丰富的材料，来描述这种新生物的骨骼特征——这对科学研究具有重要贡献。加蓬地区的人把这种动物叫作恩济埃纳，这个名称显然与鲍迪奇的印济纳相同。萨维奇博士确信，在所有类人猿中，最后发现的这种恰好是学者们探求已久的巴特尔的庞戈。

这个结论毫无疑问是正确的。之所以这样说，不仅因为恩济埃纳凹陷的双眼、高大的身材和灰褐（或铁灰）色的皮肤等特征与巴特尔所描述的“大怪物”一致，而且那个地区的另一种类人猿——黑猩猩，由于躯体矮小，一看就知道是“小怪物”，又因其体毛是黑色而不是灰褐色，所以可以排除它是庞戈的可能性。这种动物至今仍沿用巴特尔所取的恩济科或恩契埃科的名称的原因，上面已经提及。

对于恩济埃纳的种名，萨维奇博士很明智地避开了已被滥用的“庞戈”这一名称。他引用了汉诺的《巡游记》里的“戈列拉”一词。戈列拉是这位迦泰基的航海者在非洲海岸的一个岛上发现的身上长满长毛的野人的名称，这也是现今众所周知的大猩猩的种名戈列拉的起源。但是，与他之后的一些学者相比，萨维奇博士更加谨慎。他没有把自己发现的猿鉴定为汉诺的“野人”。他只是说这个“野人”“大概是猩猩的一种”。我和布鲁勒的意见一致，认为把现今的戈列拉视为这位迦泰基船长所说的戈列拉，是毫无根据的。

在萨维奇和怀曼的论文发表之后，欧文教授和巴黎植物园的迪韦尔努瓦教授等人曾分别研究过戈列拉的骨骼。迪韦尔努瓦还补充了关于戈列拉的肌肉系统及其他很多柔软部分的记述。同时，非洲的许多传教士和旅行家对关于大型类人猿的习性的原始记述进行了验证和补充。这种类人猿虽有幸第一个为世人所认识，却是最后一个被用于科学研究的。

从巴特尔对帕切斯讲述“大怪物”和“小怪物”时起，到现在已经有两个半世纪了。经过了这么长时间，我们才弄明白类人猿共有四种：在东亚有长臂猿和猩猩，而在非洲西部有黑猩猩和大猩猩。

上文所述即为类人猿的发现史。这些类人猿在身体结构和地理分布上有很多相同之处。例如，它们都有相同的牙齿数量：跟人一样，在成年之后，上下颚各有 4 枚门齿、2 枚犬齿、4 枚小臼齿、6 枚大臼齿，总共 32 枚牙齿；在幼儿时期，总共有 20 枚乳牙，即上下颚各有 4 枚门齿、2 枚犬齿和 4 枚臼齿。这些类人猿属于狭鼻猴类。它们的鼻孔向下，两个鼻孔之间有狭隔膜。此外，它们的臂比腿长些，但是臂腿长度的差异程度随种类的不同而不同。如果把这四种猿按照臂长与腿长的比例依次排列，可以得到这样一个序列：猩猩$\frac{13}{9}$：1，长臂猿$\frac{5}{4}$：1，大猩猩$\frac{6}{5}$：1，黑猩猩$\frac{17}{16}$：1。这四种猿的前肢末端都有手，有或长或短的拇指；足的大趾比人的小些，但远比人的灵活，并跟拇指一样，能与其他足趾对握。这几种猿都没有尾巴，也没有猴类所具有的那种颊囊。最后要说的是，它们都栖息在旧大陆上。

在所有猿类中，长臂猿的躯体最小巧纤细，四肢也远比其他猿长：其臂长与体长的比例远大于其他任何猿类的臂长与体长之比，这使得它们可以在直立时手臂碰触到地面。手比脚长的长臂猿与低等猴类的相同之处在于其臀部具有胼胝，这使得它们在猿类中成为特例。长臂猿的毛色也是多种多样的。在直立状态下，猩猩可以用自己的前肢触碰到脚踝，这是因为虽然它们的拇指和大脚趾非常短，但脚却比手长。它们全身被红褐色的毛覆盖。在成年雄性猩猩的面部两侧，长有好似脂肪肿瘤般的新月形的柔韧的赘生物。黑猩猩的手臂可以伸到膝盖以下；拇指和大脚趾都很大；手比脚长；虽然体毛是黑色的，但其面部皮肤却是苍白的颜色。最后，大猩猩的臂长可以伸到其腿的中部；拇指和大脚趾都很大；脚比手长；面庞是黑色的，体毛却呈现暗灰色或灰褐色。

就我目前所要说明的观点而言，没有必要进一步讨论这些由博物学家划分的类人猿的属和种之间的差异。值得一提的是，猩猩和长臂猿分别属于两个不同的属，即猩猩属和长臂猿属。黑猩猩和大猩猩则被视为属于同一个属（穴居猿属）下的两个不同的种。也有人将二者视为属于两个不同的属：黑猩猩属于穴居猿属，大猩猩则被视为与恩济埃纳或庞戈同类。

与关于其形态的确切信息相比，获取类人猿的习性、生活方式等方面的完整资料更加困难。

在上一代人中，像华莱士那样的人是很少的：良好的身体素质和强大的精神力量使他完全可以漫游于美洲和亚洲的热带丛林之中而不会受到伤害；同时，他依据在热带丛林中漫游时所搜集到的大量标本，得出了富有远见的正确结论。但是，对普通探险者或搜集者来说，到猩猩、黑猩猩和大猩猩栖息的亚洲和非洲的赤道一带的密林中去，面对的不是普通程度的困难：即使只在弥漫着瘴气的海岸的外围做短暂的探访，也要承担丧失生命的风险。这也解释了为什么他们在面对内陆的危险时会选择逃避了。于是，他们满足于鼓励经验丰富的当地人搜集、整理那些神秘的报告和传说。

关于类人猿的早期记录大多采用了这种方式，虽然这种描述较流行，但必须承认这些描述大部分缺少可靠的依据。我们现在掌握得最多的是关于长臂猿的信息——这些信息几乎全部是以欧洲人所提供的直接证据为基础的，其次是关于猩猩的信息。然而，我们对黑猩猩和大猩猩习性的认识，极需要更多的来自受过训练的目击者的证据进行支撑和扩展。

因此，在我们努力判断关于这些动物的信息可靠性的过程中，从最为人熟知的类人猿——长臂猿和猩猩——开始着手研究是最为便捷的。可以利用关于长臂猿和猩猩的完全值得信赖的信息检验其他种类的类人猿的相关记录是否正确。

有六种长臂猿分布在亚洲的各个岛屿（包括爪哇、苏门答腊、婆罗洲等）和主要大陆（包括马六甲、暹罗、阿拉坎和印度的一部分地区）上。最大的长臂猿从头顶到脚跟的高度是三点几英尺，可见它们比其他种类的类人猿矮一些，加上它们躯体小巧纤细，所以从比例上甚至从整体角度衡量，它们显得略微瘦小。

著名的荷兰博物学家米勒博士在东印度群岛上生活了很多年。我经常在文章中引用他的经历作为论据。米勒博士认为长臂猿（图 8）是真正的山栖动物，喜欢栖息在山坡和山脚，其生活范围绝不会超出山上的无花果树生长的界线。它们白天活跃于高大树木的顶部；到了夜晚，它们就会集结成一个个小群体，从树顶来到开阔的平地，一旦发现有人类出没，就马上向山边跑去，隐没于黑暗的山谷之中。

图 8　长臂猿（依沃尔夫）

已经有观察者证明，这些动物可以发出非常洪亮的声音。据我刚刚提到的那位米勒博士说，一种叫作塞蒙的长臂猿，“声音是沉重而尖锐的，听起来像‘阁——艾克’‘阁——艾克’‘阁——艾克’‘阁——艾克’‘阁——艾克’‘哈哈哈哈哈’，在距离半里路远的地方都能听到”。当它们叫的时候，位于其咽喉下的与发声器官相连的巨大膜袋（即所谓的喉囊）会膨胀起来；它们不叫的时候，喉囊就会变小。

M. 迪沃歇也说过塞蒙的叫声可以传到数英里之外的地方，在整个树林中回响。马丁先生这样描述这种动作敏捷的长臂猿的叫声：在室内，“声音大得震耳欲聋”，“可以贯穿巨大的森林”。著名音乐家同时也是动物学家的沃特豪斯先生说：“长臂猿的声音比我所听到过的任何一位歌手的声音都更具有力量。”这里要说明的一点是，这种动物比人瘦小，还不及人身高的一半。

有充分证据表明，各种长臂猿都能采用直立姿势行走。乔治·贝内特先生是一个非常杰出的观察者。他曾经记录了一只他饲养了一段时间的雌性合趾长臂猿的习性。他说：“当处于平地时，它会用直立姿势行走。这时，它双臂下垂，通过用手触及地面来帮助自己行走；或者更为常见的是，在保持这种近乎直立的姿势时，它高举手臂，双掌向下，就好像要握住一条绳子似的；在意识到有危险逼近或有陌生人进犯的一瞬间，它会快速攀登到树顶。在采用直立姿势行走时，它的步态有些摇摆、蹒跚；但当它被追踪且没有机会通过攀登来躲避危险时，它会立即四肢着地，奔跑而行。它以直立姿势行走时，会将腿和脚朝外，就好像它的腿是弯的，这使得它在行走时摇摇晃晃的。”

巴勒博士还记录了另外一种叫作霍拉克或胡鲁克的长臂猿：

> 它们直立行走；当身处地面或原野时，则采用双手举过头顶，双臂在肘和腕处轻微弯曲，左右摇摆着向前快速奔跑这种非常可爱的方式使身体保持平衡；如果情况迫使其必须加快速度，它会将双手放在地面上，以此帮助自己快速前行——与其说它是在奔跑，不如说是在跳跃，只是这种行走方式仍然使其躯体保持近乎直立的姿势。

然而，温思洛·刘易斯博士提供的证据却与上述信息有些出入："它们（长臂猿）用后肢（或下肢）行走，前肢（或上肢）则向上高举，以保持身体平衡，就好像集市上借助长杆保持身体平衡的走绳索的艺人一样。它们并不以双脚交替迈进来完成前行，而是采用类似跳跃一样的双脚同举同落的姿势。"米勒博士也有类似的描述，即长臂猿只是依靠它的后肢所进行的一系列近似于蹒跚跳跃的动作来完成在地面上前行的过程。

马丁先生也以自己的直接观察为依据，对长臂猿的一般情况加以说明：

（它们）很适合栖息于树上，在树枝间展现出了令人惊叹的活力。同时，它们在平地上表现出的笨拙和窘态也是可以想象的。虽然在直立行走时常常摇摇晃晃的，速度却很快。为了保持身体的平衡，它们要么用指节交互碰触地面，要么双手高高举起。和黑猩猩一样，它狭长的脚底要么都着地，要么都举起，在整个过程中，步调没有任何灵活性。

这些结论一致的独立证据证明了长臂猿普遍习惯于采用直立姿势行走。

但是，平地不是长臂猿展示其非凡而独特的行动能力的舞台（这种惊人的行动能力几乎使人类将其列为飞行动物而非普通的攀爬动物）。

1840 年，马丁先生对生活在动物园里的一种名为敏捷长臂猿的长臂猿做出了非常形象的描述，我将全文引用如下：

几乎很难用语言来描述她（雌性）行动的敏捷与优雅：当她似乎只是在触碰那些树枝时，看起来却好像在空中飞。在这些运动壮举中，她只使用了手和双臂。她的躯体好像被一条绳子悬挂在树上，仅靠一只手完成支撑（如右手），并通过一种有力的移动将自身“发射”出去，用左手牢牢攥住另一个远处的树枝；刚刚停稳，就进行了下一次“发射”，此刻又再次把被瞄准的树枝牢牢地握在右手中。她用这种方式连续地再次出发，毫无停意，每次能轻而易举地移动12~18英尺的距离，即使连续不停地持续很长时间，也毫无倦意。很显然，如果有足够大的空间，移动超过18英尺的距离也是小菜一碟。因此对于迪沃歇声称曾见过长臂猿从一个树枝移动到相距40英尺远的另一个树枝上，虽然似乎荒诞不经，却也可以相信。有时候，在紧握树枝移动时，她可以仅凭一臂之力完成绕树枝旋转一周的壮举，速度之快令人叹为观止，然后又以同样快的速度继续向前行进。观察她是如何突然停止的，是一件很有趣的事。考虑到其旋转跳跃时的速度和所产生的冲力，要观察她是如何停止的，似乎需要把她的动作变慢。她在跳跃时，紧握树枝，升高身体，好像变魔术一样安然坐于树枝上，并用脚紧握树枝，随即突然再次出发。

下述事实可以表明其动作的机巧和敏捷。把一只活鸟放在她的栖息之处，她关注着正在飞行的鸟，同时跃向远处的树枝，并用一只手抓住飞鸟，另一只手攥紧树枝。两个目标都成功地完成了，好像这两个目标本就是一个目标似的。需要加以补充的是，抓住鸟后，她迅速咬断它的脖子，扯去它的羽毛，并果断地把鸟丢掉，丝毫没有吃了它的意愿。

有时，她会从所栖息的树上跳跃至离其至少 12 英尺远的一扇窗户上。也许你以为那扇窗子会立即被打破，但事实却相反：令人吃惊的是，她用自己的脚抓住了窗户上玻璃间狭长的窗框，瞬间获取足够的冲力，然后竟然再次跃回原处——这种动作对力量和精准度具有双重要求。

长臂猿看似性情温和，但有可靠的证据显示，当其处于发怒状态时，就会进行猛烈的撕咬。曾有一只雌性敏捷长臂猿用其长长的犬齿猛烈地袭击了一名男子，导致其死亡。因为有很多人被她伤害过，为保险起见，人们把她那可怕的牙齿锉平了。但如果受到威胁，失去"武器"的她仍会对威胁者目露凶光。长臂猿以昆虫为食，一般不吃动物性食物。然而，贝内特先生曾经看见过一只塞蒙将一只蜥蜴抓住并生吞。通常，它们通过将手指浸在水中，然后舔手指的方式喝水。据说，它们以坐着的姿势入睡。

迪沃歇声称自己曾看见过雌性长臂猿将幼崽带至水边为其洗脸，丝毫不顾幼崽的抵抗和哭喊。在笼子中，它们通常表现得很温和，有时也会像顽劣的孩童一般搞恶作剧、耍小脾气。而且，它们并不是丝毫没有羞耻心的。贝内特先生所讲述的一件逸事能够证明这一点。贝内特先生养的一只长臂猿似乎特别喜欢将室内的物品弄乱。在众多物品中，一块肥皂特别吸引它，它因为移动这块肥皂而不止一次遭到贝内特的呵斥。贝内特说："一天早上，我正在写字，这只长臂猿也待在小屋中。我用眼角的余光瞥向它时，发现这个小家伙正在拿那块肥皂。我用它无法感知到的目光偷偷地观察，它也不时地用鬼鬼祟祟的目光瞥向我坐的地方。我假装在写字，它看到我正在忙着，就用爪子拿着肥皂走了。当它走到屋子中间时，我以一种不会令其受到惊吓的声调对它轻声地说话。它发觉我在看它，就返回原处，将肥皂放在很近似于当初拿开时的地方。其行为中确实存在一些超出本能之上的东西：其最初和最终的行为，明显地表露出它是有羞耻心的，否则怎么解释它的行为呢？”

现有的最详尽的关于猩猩的博物学记录，记载于由米勒博士和施勒格尔博士合著的《荷兰殖民地博物史（1839—1845）》一书中。我对于本课题的所思所讲，几乎都是以此书中二位作者的论述为基础的。除此之外，我还援引了布鲁克、华莱士及其他作者的著作中所记载的相关细节来说明这个问题的各个部分。

猩猩（图9）的体长似乎鲜有超过4英尺的，但其体形极为粗壮，体围是体长的$\frac{2}{3}$。人们仅在苏门答腊和婆罗洲发现过猩猩。在苏门答腊岛上，猩猩并非到处可见。它们经常出现在两个岛屿中位于低处的平原上，它们的踪影从未在高山上出现过。从海岸线延伸至内陆的茂密的森林是它们的最爱，而苏门答腊岛只在东部有这样的森林，所以岛的东部就成了猩猩的聚集（居）地。但是，偶尔也会有一些迷路或流浪的猩猩出现在岛的西部。

图9　成年雄猩猩（依米勒和施勒格尔的描绘）

另一方面，在婆罗洲，虽然猩猩的分布比较广泛，但是在高山和人口稠密的地区却看不到它们的身影。在它们喜欢居住的地方，一个猎人如果运气好的话，一天之中可以看到三四只猩猩。

年老的雄性猩猩除了交配期以外通常独自居住。年老的雌性猩猩和已经长大的雄性猩猩则常常三两成群地一起居住；前者偶尔会有幼小的猩猩与其同住，但是处于孕期的雌性猩猩常独自居住，有的产下幼崽后仍继续独居。幼小的猩猩似乎在很长时间内都处于母亲的保护下，或许这就是它们成长缓慢的原因吧。在攀爬时，母亲常常将小猩猩放在胸前，而小猩猩则紧紧地抓住母亲的毛发。至于小猩猩性成熟的年龄以及它们与雌性猩猩（即母亲）一起生活到何时都不得而知，也许它们到 10 岁或 15 岁的时候才会成熟吧。在巴达维亚，一只被驯养了五年之久的雌性猩猩的体长，竟不及在野外生长的雌性猩猩体长的$\frac{1}{3}$。在成年之后，它们可能仍会继续缓慢成长，并且寿命可以达到四五十岁。根据戴耶克人的说法，年老的猩猩不仅所有的牙齿都脱落了，而且攀爬也变得困难，所以只能靠被风吹落的果子和多汁的草来维持生命。

猩猩行动迟缓，丝毫没有显示出长臂猿那样令人惊叹的行动能力。似乎只有饥饿才能使它有所动作，一旦填饱了肚子，它就又恢复到休息状态，静止不动。它坐着的时候，会弯下背，低下头，双眼直勾勾地盯着地面；有时用双手握住较高的树枝，有时让双手自然垂于身体两侧。猩猩会在一个地方保持同样的姿势达几个小时之久，除了不时发出几声深长、低沉的吼叫，几乎一动不动。它在白天从一个树顶攀缘至另一个树顶，只有在夜晚才会回到地面。此时，如果感到有危险，它会立即躲进低矮的树丛中。在没有受到猎袭时，它可以在同一个地点停留很长时间，有时甚至会在一棵树上停留几天之久——在这棵树的树枝间找一个坚固的地方作为它的床。对猩猩来说，在大树顶上过夜是极为少见的，因为对它而言，树顶上的风很大，又很冷。因此，黑夜一降临，它就会马上从高处下来，在更低、更暗的地方或多叶的小树树顶上寻找一张适宜的床。在小树中，它尤为喜爱尼帕棕榈、露兜树或那些使婆罗洲原始森林呈现出独特景观的寄生兰中的一种。但是不管它决定在哪里睡，它都会为自己建造一个巢：小树枝和树叶被铺置在选定地点的周围，树枝和树叶彼此叠放、折压；再用蕨类、兰类、露兜树、尼帕棕榈及其他植物的大叶子做最终的铺垫，这样会使床十分柔软。米勒亲眼所见的许多巢都是新建造的，距离地面的高度大致被限定在10~25英尺，巢的平均周长为2~3英尺。有的巢中填充着几寸厚的露兜树树叶；有的则只是把折断的树枝朝向中心，再将其连接，形成一个齐整的平台。詹姆斯·布鲁克爵士说："它们在树间搭建的这些简陋的小屋，既没有屋顶，又缺少任何遮蔽物，叫作巢（或座席）也许更合适。它们建造这个巢（或座席）的速度之快让人惊讶。我曾经目睹了一只受伤的雌性猩猩搭巢的过程，当它最终铺好树枝并坐到上面的时候，整个过程用时不到一分钟。"

据戴耶克人讲，在太阳跃出地平面、晨雾散尽之前，猩猩绝不会离开自己的床。它大约早上9点起床，傍晚5点就寝，有时也会睡得晚些。在睡觉时，它时而仰睡，时而侧睡，双腿蜷向躯体，缩成一团，手则枕于头下。如果夜晚天气寒冷或刮风下雨，它通常会把造床时所使用的露兜树树叶、棕榈树树叶和蕨类的叶子覆盖在自己的身上，尤其小心翼翼地遮盖住自己的头部。这种遮蔽身体的习惯或许就是关于猩猩在树上建造床或巢的传说的起源吧。

在白天，猩猩虽然大多数时间都栖息在大树的树枝间，却很少像其他类人猿（尤其是长臂猿）那样蹲在粗枝上。相反，树叶茂密的细枝是它最爱蹲着的地方。这样的生活方式同它的后肢结构（尤其是它的臀部）有着紧密的联系。与许多猴类甚至长臂猿不同，猩猩的臀部没有胼胝。骨盆内的骨头学名叫坐骨。当身体安坐在某处时，坐骨就会成为一个用于安放身体的坚固的框架。猩猩的坐骨不像很多臀部长有胼胝的猿类的坐骨那样是张开的，而是更像人类的坐骨。

猩猩在攀爬时既缓慢又小心翼翼，这种行为相较于猿类更像人类。在攀爬时，它们非常注意自己的脚，这使它们看起来好像比其他猿类更怕受伤。与长臂猿从一个树枝摇摆至另一个树枝时前臂承担了大部分工作不同，猩猩甚至连最小幅度的跳跃都不做。它们在攀爬时更多的是利用手和脚的交替行动来完成前移，或者是在双手紧紧握住枝干之后，同时收缩双脚。在从一棵树向另一棵树移动的过程中，它总是寻找两棵树的枝干相邻或交叉的地方。在被追踪时，它的谨慎也让人惊诧：它通过摇动树枝来判断其是否可以承受它的重量，然后利用自己身体的重量缓缓地向悬垂着的树枝靠压，使树枝弯曲并和另外一棵树相接，这样就在两棵树之间搭建了一座桥，使它可以从一棵树爬向另一棵树。在地面上，猩猩在任何时候行走起来都是既耗费力气又摇晃不稳的。就算起跑时比人跑得快，一般不久之后就被人超越了。在奔跑时，猩猩那长长的手臂微微地弯曲着，身体很明显是直立的姿势，以至于它看起来像一个拄着拐杖行走的驼背的老人。在行走时，猩猩的身体通常一直向着前面，不像其他猿类（除了长臂猿以外）那样在奔跑时身体或多或少有些倾斜。长臂猿在走路方式等很多方面都与其他猿类存在明显的不同。

猩猩不能将自己的脚平放在地面上，只能用脚底的外边缘来支撑身体，脚跟大部分着地，脚最外侧的两个脚趾完全以趾头的背面着地，除了脚趾第一节的背面与地面接触外，其他脚趾也都是弯曲着的。猩猩的两只手在走路时却和脚相反，主要用手的内边缘支撑体重。手指，尤其是两个最重要的手指，都以其最前一节的背面接触地面，而形状笔直并能自由活动的拇指指尖只是作为补充的支点。

猩猩从来都不是只靠后肢站立着。那些只靠后肢站立着的猩猩的图画，同那些认为猩猩将棍棒视为防御武器的断言一样，都是错误的。

猩猩的长臂具有特殊的用途，不仅可以用于攀爬，还可以从不能负担其体重的枝条上获取食物。猩猩的主要食物包括无花果、各种花和嫩叶。但是也曾在一只雄性猩猩的胃中发现 2~3 英寸长的竹叶。没有听说过它们吃活的动物。

尽管幼小的猩猩在被人类驯养之后，似乎确实会向人类献殷勤，但是骨子里它仍是一种狂野而胆小的动物，虽然其外观看上去很是笨拙、忧郁。据戴耶克人讲，年老的雄性猩猩如果只是受了箭伤，它有时会主动离开树木，狂暴地向敌人奔去。这时，敌人立即狂奔离去是最安全的，一旦被其抓住，就必死无疑。

猩猩尽管天赋强力，却很少进行自卫，尤其是在被火器攻击时。在遇到危险时，猩猩总是试图藏匿起来，或是沿着树的顶梢逃离，并将树枝折断，向敌人投掷。一旦受伤，它就会逃到树的顶端，并发出一种极为怪异的声音，声调起初极高且非常尖锐，最终会变成豹一样的低吼。发出高音时，猩猩的嘴唇会呈现出漏斗般的形状；在发出低音时，则把嘴巴张得非常大，与此同时，喉囊也鼓胀起来。

根据戴耶克人的说法，唯一可以与猩猩一较高下的动物是鳄鱼。有时鳄鱼会捉住来到水边的猩猩。但是据说猩猩比鳄鱼凶猛，能把鳄鱼打死，或是通过将鳄鱼的颚部拉开的方式导致其喉咙撕裂。

上面所讲述的大部分内容，可能是米勒博士从戴耶克人那里得到的报告。但是，米勒通过对一只身高4英尺的雄性猩猩进行历时一个月的饲养观察，了解到它具有一种非常恶劣的性格特点。

米勒说："它确实是一只粗野、力气很大、狡诈险恶的野兽。每当有人走近它时，它就会一边缓缓地站立起来，一边发出低沉的怒吼，并注视着它想要攻击的方向。然后，它将手从笼子的间隙中慢慢地伸出，在长臂伸出之后猛地一抓——常常抓住走近它的人的面部。"它从来不用嘴撕咬人类（虽然猩猩彼此之间经常撕咬），双手才是它最重要的用于防御和攻击的武器。

它的智商很高。米勒评价说，尽管不应该将猩猩的智商估计过高，但是如果居维叶看到过这种动物，他就绝对不会简单地认为猩猩的智商只比狗高一点点。

它的听觉非常敏锐，但是视觉似乎不够完善。它的下嘴唇是重要的触觉器官，在其喝水时也起到了重要作用。可以伸出的下唇就好像一个水槽，能够方便地接住雨水；如果将半截椰子壳盛满水后交给猩猩，它在喝水时会将椰子壳中的水倒入形状像槽子的下唇。

马来人称猩猩为奥兰乌旦，戴耶克人则称其为米埃斯。戴耶克人将猩猩划分成不同的种类：米埃斯·帕潘（即济莫）、米埃斯·卡苏、米埃斯·兰比，等等。但这些猩猩是否属于不同的种或仅仅是族不同，它们和苏门答腊的猩猩的相似程度究竟如何（华莱士认为二者是相同的），这些问题至今尚未解决。它们之间的差异如此大，要解决这样的问题是很困难的。对于叫作米埃斯·帕潘的猩猩，华莱士做了如下记录：

它因躯体巨大而闻名，在脸部侧面的颞肌上存在脂肪质的隆起。这些隆起不仅柔润光滑，还具有伸缩性，因此过去曾被误称为胼胝。我亲自测量了五只猩猩的身高，自头顶到脚底，其高度的变化幅度在 4 英尺 1 英寸 ~4 英尺 2 英寸之间。身围的变化幅度在 3 英尺 ~3 英尺 7.5 英寸之间。伸展的双臂的长度变化幅度在 7 英尺 2 英寸 ~7 英尺 6 英寸之间。面部宽度的变化幅度在 10 英寸 ~13.25 英寸之间。毛发的颜色和长度因个体而异，即使在同一个个体上也因部位而异。脚的大趾有的有指甲，有的则完全没有。总之，除了这些之外，没有什么其他外部差异可以从同一个种中区分出不同的变种。

但是，当我们检验这些个体的头骨时，就会发现其形状、比例、容量等方面都存在显著的不同，这些不同还表现在脸部侧面的倾斜程度、口鼻的凸起程度、头骨的大小等，就好像人类种族中高加索人和非洲人的头骨有明显的区别一样。眼眶的高度和宽度都有变化；颅骨嵴有的成单，有的成双，有的特别发达，有的不发达；颧骨孔大小的差异也非常明显。依据头骨在比例上的差异，我们有足够充分的理由说明具单冠突与具双冠突头骨之间的差异。这些头骨曾经被认为完全可以证明两种大型猩猩的存在。头骨表面大小的差异很大；颧骨孔、颞肌等也存在这样的差异。大的头骨表面经常长有一块小颞肌，小的头骨上也会长有大颞肌，即两者之间没有什么必然联系。至于那些具有最大、最强的颚和最宽的颧骨孔的头骨，就有大的颞肌在头骨的顶部会合，间隙中形成的骨嵴会隔开两侧的肌肉。如果头骨的表面非常小，那么两侧的颞肌就不能到达头顶完成会合，彼此之间会存有 1~2 英寸的距离，沿着两肌的尽头边缘（即两肌的间隙处）形成骨嵴。此外，还有一些中间型，即骨嵴只在头骨的后部会合。骨嵴的形状、大小等与年龄无关。有时，年幼动物的骨嵴反而发达。据特明科教授说：“莱登博物馆收藏的一系列的头骨显示了相同的结果。”

华莱士观察了两只成年的雄性猩猩（戴耶克人所谓的米埃斯·卡苏）。它们与其他猩猩存在明显的不同，华莱士据此将其视为另一个种。这两只猩猩的身高分别是3英尺8.5英寸和3英尺9.5英寸，颊部无瘤状隆起，在其他方面和大型猿类相同。头骨虽然没有冠状突起，但有两条彼此间距1.75~2英寸的骨嵴，与欧文教授的莫林奥猩猩相同。然而，它们的牙齿巨大而有力，相当于或优于其他种类的牙齿。据华莱士说，这两个种类的雌性猩猩都没有颊瘤，和较小的雄性猩猩相似，但体长却较之短了1.5~3英寸，并且犬齿较小，以半截状的形态存在，基部扩大，同所谓的莫林奥猩猩一样。华莱士表示，这一较小的种中的雄性和雌性，都可以从上颚中央门齿比较大这个特征识别出来。

就我所知，尚未有人对我关于这两种亚洲类人猿在习性方面的阐述提出争议。如果这是真的，那么关于这两种类人猿习性的阐述足可以证明，这是另一种猿：

（1）无须双臂的直接支撑，完全可以凭借直立或半直立的姿势在地面上从容行走。

（2）所发出的声音极响，可传至一二英里外。

（3）发怒时，会做出极为恶劣和残暴的行为，尤其是成年的雄性猩猩。

（4）能够建造用来睡觉的巢。

上述就是有关亚洲类人猿的被公认的事实。仅凭借相似的原则，我们就可以预测出非洲类人猿也部分或全部具有同样的特征，或者至少可以反驳那些对关于非洲猿的这些特征的陈述的故意责难。如果可以证实任何一种非洲类人猿的身体结构比任何一种亚洲类人猿的身体结构更适于直立行走和做有效的攻击，那么就没有理由怀疑非洲类人猿有时可以直立行走或做出攻击性的行为了。

在泰森和托尔皮乌斯之后，关于饲养状态下小猩猩习性的报道和评述屡见不鲜。但在萨维奇博士的论文发表以前，关于成年黑猩猩在其故乡（森林中）的生活状况和习性，几乎没有确实可信的证明。萨维奇博士的这篇论文，前文有所引用。这篇论文包括了他住在位于贝宁湾西北界的帕尔马斯角时通过观察所做的笔记，以及从可信赖的信息来源处搜集的资料。

据萨维奇博士测量，雄性黑猩猩的身高几乎都可以达到 5 英尺，但成年黑猩猩的身高一般不超过 5 英尺。

> 它们在休息时一般采用坐的姿势。有时可以看见它们站起来行走，但它们一旦察觉有人在看着，就会立即四肢着地，逃离观察者的视线。它们的躯体结构不能使其完全直立，而是向前倾。所以可以看到它们在站立时用两只手托着头的后部或是叉着腰——这种动作可以使身体保持平衡或舒适些。
>
> 成年黑猩猩的脚趾以很大的幅度向内弯曲，并且不能完全伸直。如果强行把脚趾伸直，则脚趾背部的皮就会挤出褶皱。所

以，虽然它们在直立行走时必须把脚完全伸展开，但是看上去有些不自然。自然的姿势是四肢着地，身体的重量向前落在指节上。这些指节很大，皮肤隆起变厚，像脚底一样。

从它们的身体结构可以推断它们很善于攀爬。它们从一个树枝跳到远处的另一个树枝上，敏捷得让人惊诧。经常可以看到那些“老年人”（一个观察者这样称呼它们）蹲在树下吃着果子，彼此亲密地攀谈着，而它们的“孩子们”在它们周围跳跃着，从这个树枝跳到那个树枝，热闹而愉快。

可见，黑猩猩不算是群居的，因为很少看见有五只以上在一起，最多的也不超过十只。据可靠的人说，它们在嬉闹的时候偶尔也会集结成一大群。据向我提供信息的人说，他有一次看到至少有五十只猩猩聚集在一起，大声地喧闹、喊叫，并且拿着棍棒，像敲鼓似的敲打着老木头。它们似乎没有什么攻击行为，也很少有防御行为。当要被捉住的时候，它们伸展两臂抱住敌人，并试图把敌人拉向它们的牙齿，以做抵抗。

关于最后一点，萨维奇博士在另一处有明确的记述：

“咬”是它们的主要防御方式。我曾见过一个人的脚被它们咬了，伤得很重。

成年黑猩猩的犬齿强壮有力，似乎表明它们有吃肉的癖好，但是除了在饲养的情况下，它们从未显示出这种癖好。最初它们拒绝吃肉，但很快就养成了吃肉的嗜好。它们的犬齿在年幼时就已经很发达了，并且显然是很重要的防御工具。当它们和人接触时，几乎第一个动作都是“咬”。

它们避开人的居住地，在树上建造住处。它们建造的结构更像“巢”，而不是某些博物学家所误称的“茅舍”。它们一般在离地面不远的地方建巢。在建造巢时，它们把粗枝和嫩枝折弯，或把一部分树枝折断，使其相互交叉，用一个树枝或一个枝杈支撑起全部结构。有时可以在距离地面20~30英尺的粗枝的末端发现它们的巢。我最近看到一个巢在距离地面超过40英尺高的地方，也许高度可以达到50英尺。但是这种高度并不常见。

它们的住处不是永久性的。为了寻觅食物和清净，它们会根据环境条件迁移住处。我们更常见到它们住在地势高的地方；这是因为地势低的地方更适合被当地人开垦为稻田，从而缺少可以让它们用来造巢的树木。在同一棵树上，或在邻近的树上，很少能看到两个以上的巢。虽然曾经在同一棵树上发现五个巢，但这是很罕见的情况。

它们极其肮脏。当地人普遍认为，它们曾经是人类部落中的一员，但因为肮脏而被驱逐出人类社会。又因为恶习难改，所以它们堕落到现在的处境……

它们在习性方面展现出非凡的智力水平。母猿对幼猿倍加关爱。前文提及的第二只雌猿在被发现时正和其配偶及两只幼崽（一雄一雌）一起待在树上。母猿的第一反应是和配偶及雌崽快速逃入密林中。因为雄崽落在后面，所以母猿又返回去营救它。它爬上树，用双臂抱住雄崽，正在这时，子弹穿过雄崽的前臂，射中了母猿的心脏……

在最近的一起案例中，母猿被发现时正和自己的幼崽停留在树上，并注视着猎人的一举一动。当猎人向它瞄准时，母猿像人类一样举起手臂，打着手势，试图让猎人停止射击并离去。如果所受的伤不太严重，它们会用手按压伤口止血。如果这样没有效果的话，它们会用树叶和草来按压伤口……受到枪击后，它们会像人忽然感到剧烈疼痛时一样发出尖叫。

黑猩猩平常的叫声是一种比较沙哑的声音，并不十分响亮，稍微有点像呼呼声。

黑猩猩筑巢的习性和方法与猩猩类似，这一点着实有趣。然而，另一方面，它的活动状况和它爱撕咬的脾性，则与长臂猿类似。从塞拉勒窝内到刚果都可以见到黑猩猩，其地理分布范围之广，在类人猿中，与长臂猿类似。在这一属的地理分布区域内又有若干个种，这一点也与长臂猿类似。

前文关于成年黑猩猩习性的描述来自卓越的观察者萨维奇。他在十五年前出版的著作中提出的一些重要观点，已经被后来的观察者证实。后来者对他的观点增补得不多，为了表示公正，我把他的全部记述引用如下：

需要记住的是，我的观点是以加蓬当地人的陈述为基础的。还有一点需要说明，即作为一个在这里生活了好几年的传教士，通过与他们的日常交流，我了解了非洲人的情绪和性格特征，所以对判断他们的陈述的真伪有所准备。此外，因为对另一个相似的物种黑猩猩有所了解，所以我能够区分当地人对这两种动物的报告。这两种动物有相同的栖息地和相似的习性，又只有很少的人（主要是内地的商人和猎人）见过它们，所以很多人将它们混淆。

我们关于这些动物的知识主要来自姆庞奎人。他们的领地是大猩猩（图 10）的栖息地，在加蓬河的两岸，从河口往上有 50~60 英里。

图 10　大猩猩（依沃尔夫）

如果“庞戈”这个词源于非洲，那它可能是“姆庞奎”这个词的变体。这是加蓬河两岸的部落的名称，因此也适用于他们的居住地。当地人将黑猩猩称为恩契埃科，他们尽量将其英语化，这也是常用名称“焦科”一词的来源。姆庞奎人把与黑猩猩近似的种类称为恩济埃纳，读时延长第一个元音，轻读第二个元音。

恩济埃纳栖息在下几内亚的内地，而恩契埃科的栖息地靠近海岸。

大猩猩体长约 5 英尺，与肩的宽度不成比例，身上覆盖着又粗又厚的黑毛。据说毛的排列方式类似于恩契埃科。随着年龄的增长，毛色会变成灰色，因而有了关于这两种动物有不同毛色的报道。

头部的显著特征是：面部既宽又长，臼齿部位很长，下颚分支也很长并向后方伸展，头盖骨较小。眼睛很大，据说和恩契埃科的眼睛一样，呈褐色。鼻子宽而扁，鼻根稍稍隆起；口鼻部较大，嘴唇和下巴上长着灰色的毛。下唇经常移动，当它愤怒时，下唇可以伸展到下巴；脸部和耳朵都没有毛，皮肤呈现出接近黑色的暗褐色。

头部最显著的特征是沿着矢状缝有一个由毛形成的高嵴，与头后面的一个不太明显的横嵴相接，这个横嵴从一只耳朵的后面环绕至另一只耳朵的后面。这种动物可以自由地前后牵动头皮。当它愤怒时，头皮被牵向眉毛，毛嵴就会被拉下来，毛就向前突出，呈现出一种难以描述的凶恶的样子。

颈部粗短而多毛，胸部和肩部很宽，据说有恩契埃科的两倍长；臂也很长，可以伸到膝盖的下面——前臂较短，手很大，拇指比其他手指更为粗大。

行走时步态蹒跚，身体不像人一样直立着，而是向前倾，有点从左往右旋转摆动。臂比黑猩猩的长；在行走时，俯身的程度不像黑猩猩那样大，但像黑猩猩一样两臂前伸，手放在地上，用两只手支撑着身体，半摇半跳地向前移动。在做这个动作时，它不是像黑猩猩那样弯曲着手指，而是用指关节支撑身体，并伸直手指，以手作为支点。据说大猩猩常做出步行的姿态，并通过向上方弯曲双臂维持其巨大身体的平衡（图 11）。

图 11　步行中的大猩猩（依沃尔夫）

它们过着群居的生活，

但数量没有黑猩猩多。雌性往往多于雄性。很多报告者都断言：一群中只有一只成年的雄性；因为雄性大猩猩成年后，就会发生争夺配偶的争斗，最强者会把其他雄性杀死或驱逐出去，从而成为群体中的头领。

萨维奇博士否认了大猩猩掠夺配偶和战胜大象的说法，并补充说：

它们的居住地（如果可以这样称呼的话），类似于黑猩猩的居住地，仅由一些木棒和带叶的树枝构成，并用粗树枝和树杈支撑着。它们的居住地没有遮蔽物，只在夜间睡觉时使用。

它们极其残暴，常常表现出攻击性，不像黑猩猩那样见人就跑。对当地人来说，它们是一种令人恐怖的生物。除了在防御时外，当地人从未遇到过它们。所捉住的少数大猩猩是被猎象者和当地的商贩杀死的。他们在穿过森林时突然发现了它们。

据说雄性大猩猩刚被发现时会发出恐怖的类似于‘克——阿’‘克——阿’的叫声，尖锐的声音在大片森林里回响。它的巨大的下颚在呼气时张得很大，下唇耷拉到下巴上，头上的毛嵴和头皮牵拉到眉毛上，显出一种难以形容的凶恶的样子。

雌性和幼年大猩猩在发出一声尖叫后，会很快消失，雄性则愤怒地接近敌人，显露出愤怒的样子，并快速而连续地发出可怕的叫声。猎人把枪放好，等着它靠近。如果没有瞄准，猎人会让它握住枪身，然后它会把枪身放入自己的口中（这是它的习性），这时猎人就会开枪。如果猎人未能开枪，枪身（普通小枪的薄枪身）就会被它咬碎，猎人会受到致命的攻击。

野生大猩猩的习性类似于黑猩猩，会在树上造松垮的巢，吃同样的水果，随环境的不同而改变栖息地。

福特证实了萨维奇博士的观察结果，并对其进行了补充。福特曾于1852年向费城科学院投寄了一篇关于大猩猩的论文。在谈到这种最大的类人猿的地理分布时，福特的记述如下：

这种动物栖息于几内亚内部的山脉中，北到喀麦隆，南至安哥拉，伸向内地大约100英里，地理学家称之为水晶山。我不能确定这种动物分布范围的南北界线。但可以肯定的是，北界一定在加蓬河以北，与加蓬河相隔一段距离。我最近到莫尼（丹戈）河河源旅行时，对这件事进行了确定。我听说（我认为是确实的）很多大猩猩栖息于这条河的发源地，甚至更往北的地方。

在南部，这种物种的分布区域延伸到了刚果河流域。这是曾经到过加蓬河和刚果河之间的沿海地区的本地商人告诉我的。除此之外，我没有听到过其他报告。在大多数情况下，这种动物只分布于离海岸稍远的地方。有可靠的报告称，大猩猩住在这条河南面离海不到10英里的地方，但在别的地方不像这里这样靠近海岸。但这是最近的情况。我听姆庞奎部落中一些较年长的人说，以前只在这条河的发源地看到过这种动物，但现在在离河口一天半路程以内的地方也发现了这种动物。以前，这种动物栖息于布希曼人居住的山脊地带，但现在它已经大胆地接近了姆庞奎人的种植地。毫无疑问，以前关于大猩猩的报道过少的原因，是缺乏收集关于这种动物的信息的机会。一百年来，商人频繁地来往于这些沿河地区，如果展览最近一年内他们带到这里的标本，最笨的人也会注意到这种情况。

福特先生检查的一只标本重170磅（不含胸部、腹部的内脏），胸围长4英尺4英寸。他把大猩猩的攻击状况描写得既详细又生动——尽管他未假称自己曾目击过那种场景。为了便于与其他记述比较，我把他论文中的这一部分摘录如下：

> 尽管它在接近敌人时会弯曲着身体，但在攻击时，它会站立起来。
>
> 尽管它从不躺着等待，但当它听到、看到或闻到有人来时，会立即发出有特点的叫声，并常表现出进攻的姿势，准备攻击。它所发出的声音更像是呼噜声，而不是低吼，类似于黑猩猩的叫声。它在发怒时发出的声音极其响亮，据说在很远的地方都能听到。它在准备袭击时，会把陪伴它的雌性和幼年大猩猩带到稍远的地方。当它很快回来时，它头顶上的毛直立起来并向前突出，鼻孔扩大，下唇低垂，同时发出有特点的叫声，似乎是为了让敌人感到畏惧。除非通过一次精准的射击使它失去战斗力，否则它会立即发动一次袭击，用手掌攻击它的对手，或紧紧地抓住敌人，使敌人无法逃脱，最终将敌人狠狠地摔在地上，用牙撕咬敌人。
>
> 据说如果它抓到一杆火枪，就会立即咬碎枪身……被运到这里的一只幼崽的不顾死活的举动可以表明这种动物的野蛮天性。

这只幼崽被捕获的时候非常小，只有四个月大。虽然人们采用了很多办法想驯服它，但都以失败告终。它在临死前一小时还咬了我。

福特先生怀疑关于这种动物建造房屋和驱逐大象的故事的真实性。他说，消息灵通的本地人也不会相信这些故事，这些故事是说给小孩子听的。

我还可以从附在圣·希莱尔的论文（上文提到过）中的弗朗凯和拉布蒂的书信中引用其他例证，但总觉得考量和筛选不够细致。

在我看来，如果记住现有的关于猩猩和长臂猿的记述，那么通过推论的方法批评萨维奇博士和福特的记述是不公正的。如前文所述，长臂猿常展现出直立的姿势，但大猩猩的躯体结构似乎使其比长臂猿更适合这种姿势。如果长臂猿的喉囊是重要的发声器官，它的声音可以达到0.5里格（1.5英里）远，那么拥有更发达的喉囊，同时体积五倍于长臂猿的猩猩，发出的声音应该可以在两倍远的地方被听到。如果猩猩在搏斗时使用双手，长臂猿和黑猩猩使用牙齿，那么大猩猩可能既用手也用牙齿。如果能证明猩猩也有筑巢的习惯，那么我们就无法否认黑猩猩和大猩猩也有筑巢的习惯。

这些证据被世人知晓已经有十至十五年了。最近，一位旅行者提出了自己的观点。但对有关大猩猩的研究来说，这些观点除了重复萨维奇博士和福特的观点以外，新的东西还很少。而萨维奇博士和福特的观点却受到如此多的反对和责难。如果不把先前所知晓的算在内，那么M.迪·夏吕根据他自己的观察，对于大猩猩只确定了一件事：这种动物在进行攻击时，会用拳头捶打自己的胸膛。我相信这个陈述比较恰当，没有什么可争议的。

关于非洲的其他类人猿，因为缺乏了解，M. 迪 · 夏吕几乎没有谈到任何关于普通黑猩猩的事情。但他谈到了一个秃头的种（或变种），叫作埃希果 · 博佛，它们可以建造自己的藏身之所。还有一个稀有的种则具有相对较小的脸和较大的面角，并能发出类似于“枯罗”的声音。

猩猩的庇护所是用粗糙的树叶建造的。根据可靠的观察者萨维奇博士的描述，普通的黑猩猩可以发出呼呼声。照这样看来，我实在不明白为什么要否定 M. 迪 · 夏吕在这些方面的记述。

我避免引用 M. 迪 · 夏吕的论文，并不是因为我认为他关于类人猿的描述是不正确的，也不是怀疑他的论文的真实性，只是因为在我看来，他的记述中存在无法解释和让人感到困惑的情况，而且任何描述都不是他自己观察到的结果。

他所讲述的也许是真的，但不能当成证据。

第二章
人和次于人的动物的关系

很多人以为人与猿之间的差别，比白天和黑夜之间的差别还大。但实际上，如果把欧洲的英雄和居住在好望角的霍屯督人进行比较，让人意想不到的是，这两种人来源于同一祖先。如果把高贵的王室公主和那些在山间自谋生活的人加以对比，也很难预想到这两种人属于同一种属。

——摘自林奈载于瑞典科学院论文集中的《人形动物》

在关于人类的许多问题中，弄清人类在自然界中的位置以及人类同宇宙中的万事万物的关系是其中之一。这个问题构成了其他问题的基础，也比其他问题更加有趣。我们人类的种族起源于哪里？我们征服自然的力量和自然制约我们的力量有多大？我们要实现的最终目标是什么？这些问题经常出现在人们面前，并使每个生长在这个世界上的人产生极大的兴趣。我们当中的大多数人在寻求这些问题的答案时，一旦遇到困难和危险就畏缩不前，或者避开这些难题，或者使这种探索精神窒息在备受推崇的传统观点的束缚中。但是，在每个时代都会有一两个永不退缩的志士，他们拥有非凡的创造能力，认为只有确实可靠的基础才能作为科学依据，并反对怀疑主义，不愿走他们的前辈和同辈走过的舒适宽广的老路，而是披荆斩棘，开拓他们自己的道路。怀疑论者认为这些问题是无法解决的，或者否认宇宙中存在有秩序的发展和规律。那些天才将答案融入神学或哲学之中，或者隐藏于夸张的音乐语句之中，从而塑造出一个时代的诗文形式。

关于这些问题的答案，如果不被回答者维护，也会被后来的拥护者维护，并通过修正和完善，成为一个世纪或二十个世纪的权威和信条。但不可避免的是，时间将证明，这些答案仅仅是接近真理。一种答案能够得以幸存，主要是因为信仰者无知，当受到后人更丰富的知识的检验时，这些答案就不再被人接受了。

曾经有一个很有名的比喻，把人的生活与毛毛虫变为蝴蝶的过程做对比。但是，如果不用人的生活，而是用种族的智力进步来进行对比，这个比较就会更有新意。历史表明，人类的智力是靠不断增加的知识来培养的，每经过一段时间的增长，就会突破理论的覆盖物，呈现出新的状态。好像正在发育的幼虫，在每个成长阶段蜕去薄薄的皮壳，再长出新的皮壳。人类的成虫过程似乎时间更长，但每蜕一次皮就前进一大步，到现在人类已经前进很多步了。

自文艺复兴以来，欧洲推动了知识的进步。这些知识始于希腊哲学家，但之后其发展停滞了很长一段时间——这个时期只能说是知识的转型期。在此期间，幼虫时期的人类猛力地摄取营养，蜕皮也随之进行。具有一定规模的蜕皮一次发生在 16 世纪，另一次发生在 18 世纪末期。在最近五十年中，自然科学迅速发展，提供给我们富有营养的精神食粮，使我们感到一次新的蜕皮已经迫在眉睫了。但是，这个过程经常伴随着痛苦、疾病和虚弱，甚至可能发生大的骚动。每个好市民都可以感觉得到这一过程，即使他除了一把外科手术刀以外别无他物，也要尽最大努力使皮壳裂开。

我要尽自己所能发表这些论文。必须得承认，其中一些关于人类在动物界中的位置的知识是理解人与宇宙关系的不可缺少的预备知识。关于这一点，还需要归结到前文所描述的奇异动物与人类的联系和亲缘关系问题。

这项研究工作的重要性是不言而喻的。当面对这些类似于人的动物时，即使是那些最缺乏思想性的人也会感到吃惊。这种惊诧并不是因为厌恶它们丑陋的外表，而是因为对有关人类在自然界中的位置、人类和次于人的动物的关系这样一些确立已久的传统理论和根深蒂固的偏见感到震惊。不善于思考的人对人类和动物的亲缘关系仍存在一丝模糊的怀疑。但已经掌握了解剖学和生理学知识的人会广泛地进行辩论，从而获得更深刻的结论。

现在，我要简单介绍一下这个论题，并把人类和兽类之间的关系等问题论述得浅显易懂，使不具备专门解剖学知识的人也能理解。然后，我会得出一个直接的结论。我根据那些事实断定这个结论是正确的。最后，我将讨论这个结论与人类起源的假说的关系。

读者首先需要注意的是，一些科学家普遍赞同的事实，会常常被自封为意见领袖的人忽视。这些事实非常重要。我认为，认真思考过这些事实的人会发现那是生物学中最令人惊讶的内容。我列举的是发生学研究已经弄明白的事实。

有一个广泛的真理（即使不是普遍的真理）：每一种生物刚出生时都具有与其成熟时不同的简单形式。

橡树远比橡子中包含的幼小植物更为复杂，毛毛虫比虫卵复杂，蝴蝶又比毛毛虫复杂。所有这些生物从出生到成熟都会经历一系列的变化，所有这些变化概括起来就是“发展”。高等动物的这些变化极其复杂。但在最近的半个世纪内，冯·贝尔、拉特克、赖歇特、比肖夫、拉马克等人的研究几乎完全揭开了这些变化的奥秘，以至胚胎学家能够把狗的发育过程中的每个阶段都像小学生了解蚕的变态发育阶段一样了解得很透彻。现在，我就介绍狗的各个发育阶段的性质和顺序，以作为一般高等动物发育过程的普遍范例。

狗像其他动物一样（除了极低等的动物外，但进一步的研究或许会消除这种表面上的例外），起源于一个卵：作为一个主体，从各方面来说，这个卵都类似于鸡卵，但不像鸡卵那样有很多营养物质，体积也很小，也不能供人食用。它没有卵壳，因为对于在母体内发育的动物来说，卵壳不仅没有用，还会切断幼体的营养来源。哺乳动物微小的卵中并不包含那些营养。

实际上，狗的卵是一个小的圆囊（图 12），由一层透明的薄膜包裹，这个薄膜叫作卵黄膜，直径是$\frac{1}{130}\sim\frac{1}{120}$英寸。卵内包含黏性营养物质——卵黄。卵黄内有一个更为精细的球状囊，叫作胚泡（图 12a）。胚泡里有一个更为坚固的球状体，叫作胚核仁（图 12b）。

卵最初在一个腺体中形成，在适当的时候被排出并输送到小室内。这个小室可以在漫长的怀孕期内保护和培育这个卵。如果需要的话，这些微小而似乎不怎么重要的物质会因为新奇、神秘的活动变得活跃。胚泡和胚核仁也变得难以区分（它们确切的命运是胚胎学家至今尚未解决的问题），但卵黄周围变成了锯齿状，就像被一把看不见的刀削过一样，然后卵黄会分裂为两个半球（图 12C）。

这个过程在不同的平面内重复，两个半球进一步分裂成四个形状相同的团块（图 12D）。这些团块以同样的方式再分裂，最终整个卵黄分裂为许多小颗粒，每个小颗粒包含一个中心体，就是叫作核的卵黄质小球（图 12F）。大自然在这一过程中得到的结果与造砖场技工的工作结果相似。她将卵黄的原质分裂为形态、大小都差不多的团块，用来建造生命建筑物的各个部分。

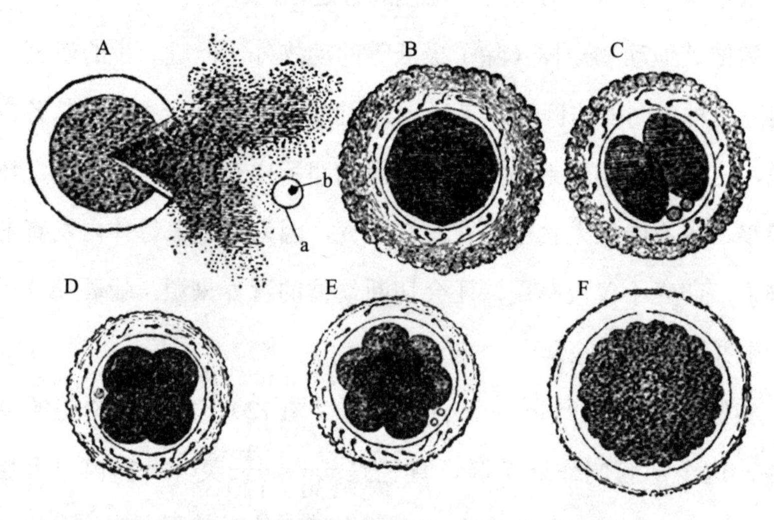

图 12　A 是狗的卵，卵黄膜破裂，产生卵黄、胚泡 a 及其内含的胚核仁 b；B、C、D、E、F 表示书中所描述的卵黄的连续变化（依比肖夫）

接下来，这些用于构造生物体的砖块，即学术上所说的细胞，呈现出有秩序的排列方式，进而转变为具有两层壁的中空球体。然后，球体的一面变厚，接着变厚区域的中央出现一条直沟（图 13A），这条直沟会成为建筑物的中轴线，即狗体的中轴位置。沟两侧的物质逐渐隆起成褶皱，这就是长腔侧壁的雏形。这个长腔最后将容纳脊髓和脑，长腔底壁长出一条细胞索，即脊索。这个闭合的长腔的一端最终形成头部（图 13B），其他部分保持细小的样子，最终形成尾巴。身体的侧壁是由沟壁的下垂部分形成的。侧壁上逐渐长出许多小幼芽，形成四肢。认真回想这个过程的每一步，你会联想到雕塑者塑造雕像的情形。先捏出每个部分、每个器官的粗糙的轮廓，然后进行精密的塑造，最后表现出它的特征。

经过这些步骤，狗的胎儿呈现出如图 13C 所示的形态。在这种形态下，它有一个不成比例的大头，幼芽一样的四肢，头和腿完全不像狗的头和腿。

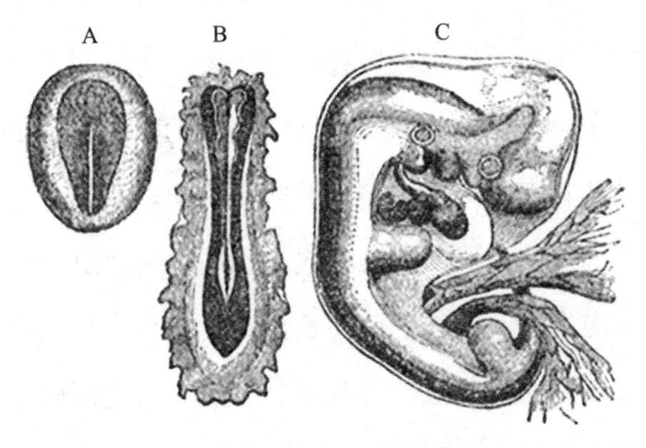

图 13　A. 狗最初的发育形态；B. 晚些时候的狗的胚胎，已发育成头、尾、脊柱的基础；C. 连接着卵黄囊和尿囊，被羊膜包裹着的狗的胎儿

供给小动物营养和发育没有用完的卵黄残留物，贮存在附着于原始肠部的囊中，即卵黄囊或脐囊中。与这个小生命相连并起保护和提供营养作用的两个膜囊，一个是从皮肤中长出来的，另一个是从身体后部的下表面长出来的。前者叫作羊膜，是一个充满了液体的囊，包裹着整个胎儿的身体，是胎儿的水床。另一个叫作尿囊，是从胎儿的

腹部区域长出来的，带有很多血管，最后附着于胎儿室的腔壁上，这些血管是母体给胎儿输送营养物质的必要通道。

胎儿和母体的血管发生联系的部分，即胎儿从母体获取营养物质并排除废物的通道，叫作胎盘。

过多地阐述发育过程，既乏味，对我现在的目标来说也没有必要。所以，对于狗的发育过程，只需要说明：通过一系列漫长的连续的变化，我们所描述的雏形器官变成了一只小狗。小狗出生后，经过一系列缓慢且不易察觉的变化，成为一只成年的狗。

家养的鸡和看守农场的狗之间，看上去似乎没有什么共同之处，但是，胚胎学家发现，鸡和狗最初都是从一个卵开始的，而且这个卵的卵黄分裂、原始沟产生、胚芽各部分形成的方式也很相似。鸡和狗最初的发育非常相似，以至难以看出有什么区别。

其他一些脊椎动物，如蜥蜴、蛇、蛙和鱼，都有与此相似的发育过程，都是从具有相同基本结构的卵开始的。卵黄进行分裂，即卵裂。这一分裂过程的最终产物是构成动物幼体的建筑材料。建造过程围绕着原始的沟进行，在沟的底部长出脊索。在一个时期内，这些动物的幼体不仅在外形上相似，甚至所有的基本构造都相似，它们之间的差异非常微小。但在随后的发育过程中，它们之间的差异增大。有一个普遍的法则，即在成年时越相似的动物，它们的胚胎也越相似，并且相似的时间也越长。例如，蛇与蜥蜴的胚胎相似的时间长于狗与鸟的胚胎相似的时间，也比狗和负鼠，甚至狗和猴子的胚胎相似的时间长。

发育学的研究使我们可以清楚地考察出动物在身体结构上的亲缘关系的密切程度。人们也渴望获得人类发生学研究的结果。与其他动物相比，人类有什么特别之处吗？人类的起源是否完全不同于狗、鸟类、蛙和鱼，从而表明人类在自然界中并不占有一席之地，并和低于人类的动物之间不存在亲缘关系？或者说人类是否也和其他动物一样起源于一个相似的胚芽，经过同样缓慢而又连续的演化过程，依赖相同的保护和营养传送机制，最后在相同机理的帮助下诞生于世？这些问题的答案是不容置疑的，实际上，它们在最近三十年内也从未受到过质疑。毫无疑问，人类最初的样子和早期发展与比他低等的动物相同。在这方面，人和猿的关系比猿和狗的关系近得多。

人卵的直径大约是$\frac{1}{125}$英寸，其构造与如上所述的狗卵大致相同，所以只需要用图（图14A）加以说明。人卵以与上述相同的方式从腺体中分离出来，其进入住室和发育的情况也与上述完全相同。虽然目前不大可能（这样的机会很少）研究人卵的早期发育过程，但有充分的理由得出结论：人卵所经过的变化过程与其他脊椎动物的是一样的。其根据是：已经观察到的最早的未发育的人体构成材料与其他动物的构成材料是一样的。图14所示的人类胎儿最早期的发育状态与狗最

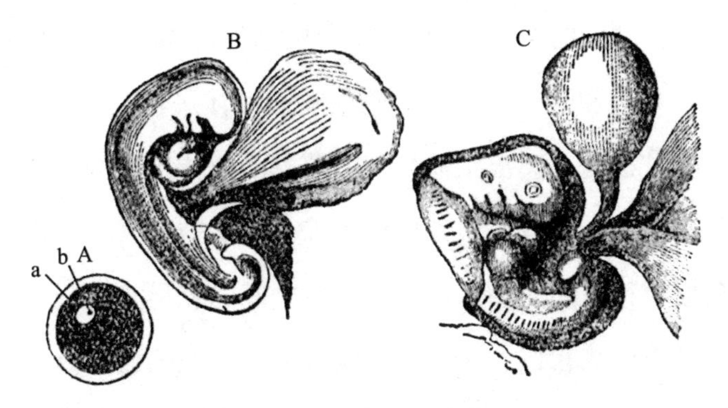

图14　A. 人卵（柯里克尔）：a. 胚泡；b. 胚核仁；
B. 人的胎儿的最早发育期，包含卵黄囊、尿囊、羊膜（原始状态）；
C. 人的胎儿的较晚发育期（柯里克尔），与图13C参考比较

早期的发育状态很类似。人和狗之间的这种惊人的一致将持续若干时期，只要将该图 13 与图 14 简单对比一下，就可以明白了。

实际上，人类的胎儿和狗的幼体要经过很长时间才能进行容易的区别。但在较早时期，通过两者的附属物，即卵黄囊和尿囊的形状，也可以对它们进行区分。狗的卵黄囊比较长，并呈纺锤状，人的则呈球状。狗的尿囊体积大，从尿囊上发育出血管突起，排列成环状带，最后形成胎盘（胎盘扎根到母体中吸取营养，如同大树扎根于大地，从土壤中获取养分一样）。人类的尿囊相对较小，血管的细根最后固定在一个圆盘状的点上。因此，狗的胎盘像一个环形物，而人的胎盘呈圆盘状，胎盘的名称就是由此而来的。

但是，那些在人体发育过程中与狗不同的地方，却和猿的类似。猿和人一样有一个球形卵黄囊和一个盘状胎盘——有时胎盘分成了几叶。所以，只有在发育的最后阶段，人的胎儿才和猿的胎儿有显著区别。猿的胎儿在发育上不同于狗的胎儿，正如人的胎儿在发育上不同于狗的胎儿一样。

这个断言或许让人惊讶，但被证明是真实的。我有充分的理由认为，人和其他动物的结构是一致的，更和猿类有很近的亲缘关系。

所以，人类和次于人类的动物最初的身体进化过程是相同的——早期的形成过程相同，出生前后获取营养的方式也相同。这使我们可以预料到，成年人和成年猿在构造上惊人地相似。人和猿之间的相似性等同于猿和猿之间的相似性，人和猿之间的差异等同于猿和猿之间的差异。尽管这些相似性和差异不能被衡量，但它们的分类价值最终可以被估计出来。衡量这种价值的尺度或标准，可以用动物学家现在所使用的动物分类系统来表示。

对动物之间的相似性和差异的研究，使博物学家将动物划分为若干群组或集团，每一群组的成员都表现出特定数量的相似特征。群组越大，相似性就越小；反之，群组越小，相似性就越大。所有生物中只具有动物特征的个体组成了动物界。动物界中只具有脊椎动物特征的动物组成了一个脊椎动物亚界。这个亚界又可以分为五个纲：鱼类、两栖类、爬行类、鸟类和哺乳类。纲可以再被分为较小的群组，即目、科、属。属分成最小集团，称为种。这个最小的集团具有恒定的、非性别方面的特征。

动物学界关于这些或大或小的群组和特征的界线的观点已经渐趋统一。例如，现在已经没有人怀疑哺乳类、鸟类、爬行类这些纲的特征，对于人们所熟知的动物应该归入哪一纲也不再有疑问。再如，对于哺乳类中每个目的特征和界线，以及根据动物的形体特征应将其归入哪一目，也有了普遍一致的意见。

例如，现在没有人会怀疑树懒和食蚁兽、袋鼠和负鼠、虎和獾、貘和犀牛，都是同一个目的成员。把这些动物按上述顺序排列并进行对比，可以发现每一对动物之间都可能有巨大的差异。例如，它们在四肢的构造和大小，胸椎和腰椎的数量，骨骼对攀爬、跳跃、奔跑的适应性，牙齿的数量和形状，头骨和脑的特征等方面都存在很大的不同。尽管有这些差异，但它们躯体的主要基本特征是相似的，这些相似的特征又不同于其他动物，这使得动物学家认为有必要把它们归入同一个目。如果发现新的动物，如果它与袋鼠或负鼠之间的差异不大于袋鼠和负鼠之间的差异，动物学家就会合乎逻辑地将其与袋鼠和负鼠归入同一个目，而不会做其他考虑。

让我们记住这个动物学的推理过程，暂时把思想从人性的面具中脱离出来。假设我们是具有科学素养的土星上的居民，熟悉居住于地球上的各种动物，并接受了一个克服了空间和引力等困难从地球来到土星的有魄力的旅行者的委托，鉴定他从地球带来的、保存在一桶酒精中的一种新奇的“直立而无羽毛的两足动物”（即人类。——译者注），我们首先会赞同将其归入脊椎动物的哺乳类。根据其下颌骨、臼齿和大脑来确定其毫无疑问属于哺乳类中的一个新属。因为其在胎儿时期在母体中通过胎盘获得营养，所以我们将其称为“有胎盘的哺乳动物”。

更进一步，即使是最粗浅的研究也足以使我们确信，在有胎盘的哺乳动物中，不能把人类与鲸类或有蹄类、树懒和食蚁兽，或食肉类的猫、狗和熊，或啮齿类的鼠和兔子，或食虫类的鼹鼠、刺猬、蝙蝠，归入同一个目。

只剩下一个目，即猿类（广义的），可以和人做比较。这样，所要讨论的问题的范围就缩小了：人类与这些猿类之间的差异是否大到有必要单独构成一个目？或者人与猿之间的差异比猿类内部之间的差异小，因而要将人类和猿类归为同一个目？

因为这个问题的结论与我们没有实际的或想象中的利益关系，所以我们应该不偏不倚地考虑各方面的论证，并像讨论关于一种新的负鼠的问题那样冷静、公正。我们应不放大，也不缩小，尽力查清我们人类与猿类之间的不同之处。如果我们发现，与猿类和同目的其他动物的差异相比，这些构造特征的价值不大，那么我们应毫不犹豫地把地球上这个新发现的物种与猿类归入同一个目。

现在，我要更加详尽地讨论一些事实。这些事实让我别无选择，只能得出上述结论。

在整体结构上最接近人类的猿是黑猩猩或大猩猩。对于我现在所论述的，选用这两种动物中的哪一种都没有太大差别。我选择了大猩猩：一方面与人做比较，另一方面与其他灵长目动物做比较。之所以选择大猩猩，一方面是因为它的身体构造是已知的，另一方面是因为大猩猩现在在诗文中已经赫赫有名了，人们一定听到过它，并且对它的形象也已经有了概念。考虑到本文的篇幅以及论证的需要，我将尽量多地提出人类与这种动物之间的差别要点，并且把这些差别与大猩猩和同一目中其他动物之间的差别进行比较，来探究这些差别的价值和大小。

通常来说，我们能够直观地感受到大猩猩和人在躯体和四肢的比例上有明显的差异。与人类相比，大猩猩的脑容量更小，躯干更大，下肢更短，上肢更长。

我在爱尔兰皇家外科学院博物馆中见到了一只完整的成年大猩猩的标本。我对它进行了测量：它的脊柱从第一颈椎上边缘沿着前弯曲到骶骨末端的长度是 27 英寸，臂（不包括手掌的长度）长 31.5 英寸，腿（不包括脚的长度）长 26.5 英寸，手长 9.75 英寸，脚长 11.25 英寸。

换句话说，如果以脊柱的长度 100 作为基准，那么手臂的长度就是 115，腿的长度就是 96，手的长度就是 36，脚的长度就是 41。

利用同样的方法，我对这个博物馆的藏品中的一个成年的博斯杰斯曼男人的骨骼进行了测量，以脊柱的长度 100 作为基准，则臂长 78，腿长 110，手长 26，脚长 32。同族的女人的臂长为 83，腿长 120，手长 26，脚长 32。测量的一个欧洲人的骨骼，则是臂长为 80，腿长 117，手长 26，脚长 35。

所以，大猩猩和人的腿依照与脊柱的比例，第一眼看起来区别不是很大，只是大猩猩的腿比脊柱稍短些，人的腿比脊柱长$\frac{1}{10}$～$\frac{1}{5}$。大猩猩的脚稍长些，手则更长些。最大的差异是臂的长度：大猩猩的臂比脊柱长很多，人类的臂却比脊柱短很多。

那么就会有这样的问题：以脊柱长度100为基准，使用同样的测量方法，其他猿类在这些方面与大猩猩有什么关系呢？一只成年黑猩猩，臂长为96，腿长为90，手长为43，脚长为39，所以它们的手和脚与人类的比例相比差别很大，臂长相差较小，脚却和大猩猩的差不多长。

猩猩的臂（122）比大猩猩的臂长得多，腿（88）却短些；脚（52）比手（48）长，按照与脊柱的比例，手和脚都很长。

关于其他种类的类人猿，如长臂猿，这些比例更让人吃惊：臂长和脊柱长的比例达到了19∶11，腿也比脊柱长$\frac{1}{3}$，比人的长些，而不是短些。手长相当于脊柱长的$\frac{1}{2}$，脚比手短些，约为脊柱的$\frac{5}{11}$。

所以，长臂猿的臂比大猩猩的长得多，就像大猩猩的臂比人的长得多一样；另一方面，长臂猿的腿比人的长得多，就像人的腿比大猩猩的长得多一样，所以长臂猿本身就存在着四肢偏离平均长度的最大差异。

山魈则表现出一种中间状态，臂和腿的长度相差不多，而且都比脊柱短，但是手和脚的比例及手脚和脊柱的比例都几乎与人类一样。

蛛猴的腿比脊柱长，臂比腿长。最后，引人注目的狐猴类中的大狐猴的腿和脊柱一样长，臂却不及脊柱长的$\frac{11}{18}$，手大概比脊柱短$\frac{1}{3}$，脚比脊柱长$\frac{1}{3}$。

也许这样的例子还可以增加很多，但是现有的这些例子已经完全可以表明：在四肢的比例上，大猩猩和人类有所不同，而其他猴类和大猩猩之间的差别更明显。因此，这种比例上的差别在划分目时是没有价值的。

其次，我们考虑一下，在人和大猩猩中，由脊柱和连接在脊柱上的肋骨和骨盆组成的躯干表现出的差异。

部分是因为各个椎骨的关节面所具有的排列方式，但主要是因为一些把椎骨连接在一起的韧带具有弹性张力，使人的脊柱作为一个整体，形成一种美丽的S形弯曲：颈部向前凸，胸部凹，腰部凸，骶部凹。这样的排列为整个脊柱提供了很大的弹性，可以减少人在直立运动时通过脊柱传导到头部的震动。

此外，在通常情况下，人的颈部有7个椎骨，叫作颈椎；其下有12个椎骨，带有肋骨，并形成了背部的上部，叫作胸椎；腰部有5个椎骨，不带有游离肋骨，叫作腰椎；其下是由5个椎骨组成的前面呈凹腔的大骨，紧紧地嵌在髋骨之间，构成了骨盆的背面，这就是我们所熟知的骶骨；最后，3或4个或多或少可以活动的很小的椎骨构成了尾骨或退化的尾部。

大猩猩的脊柱同样被分为颈椎、胸椎、腰椎、骶骨和尾椎。颈椎和胸椎的总数与人类一样多。但是，在第一腰椎上附着着一对肋骨，虽然这种情况在大猩猩中很普遍，但在人类中却很罕见。因为如果只用是否有游离肋骨来区分腰椎和胸椎，那么大猩猩身上的17个“胸腰”椎骨可以被分为13个胸椎骨和4个腰椎骨，而人的则分为12个胸椎骨和5个腰椎骨。

不仅人偶尔有13对肋骨，大猩猩偶尔也会有14对肋骨。皇家外科学院博物馆里面的一只大猩猩和人类一样有12个胸椎骨和5个腰椎骨。居维叶记载过一只有同样数量的胸椎骨和腰椎骨的长臂猿。另一方面，在比猿低等的猴类中，很多有 12 个胸椎骨和 6 或 7 个腰椎骨，夜猴有 14 个胸椎骨和 8 个腰椎骨，怠猴有 15 个胸椎骨和 9 个腰椎骨。

大猩猩的脊柱，整体来看，和人相比的不同之处在于其弯曲不太明显，特别是腰部的凸度很小。但是，弯曲是存在的，这在年幼的大猩猩和黑猩猩的没有去掉韧带的骨骼中比较明显。另一方面，在保存的年幼猩猩的骨骼中，脊柱在腰部的排列是直的，有的甚至是向前凹的。

不管从哪些特点来说，或者就从颈部棘突的比例长度得出的较小的特征和那些类似的特征而言，毫无疑问，人类和大猩猩之间的差别是很明显的；但是，在大猩猩和比它低等的猴类之间，也同样存在着明显的差别。

人类的骨盆或臀部的骨头，是人体结构中最能展示人类特征的部分：宽大的髋骨能够在人站立时为内脏提供支撑，而且为使人能够保持直立姿势的大型肌肉提供了附着面。在这些方面，大猩猩的骨盆和人类的有很大的差别（图 15）。但是，可以看到，甚至在骨盆方面，较低等的长臂猿与大猩猩的差别比大猩猩与人的差别还大。长臂猿的髋骨又扁又窄，腔道又长又窄，坐骨结节粗糙并向外弯曲，这些都与大猩猩的不一样。长臂猿平时通过坐骨结节坐着休息，外面包裹着厚实的皮肤，即所谓的胼胝，这在黑猩猩、大猩猩和猩猩中，和人类一样，是完全不存在的。

在比猿类更低等的猴类和狐猴中，骨盆的差异更为明显，其完全具有四足动物那样的特征。

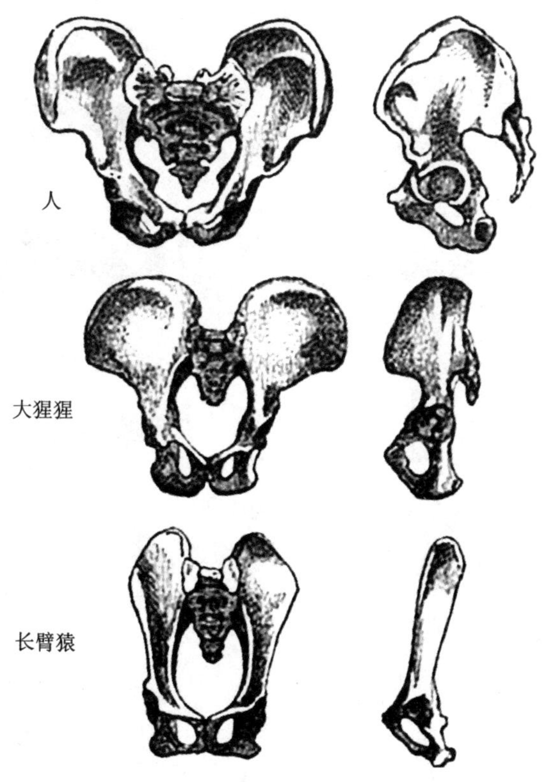

图 15　人、大猩猩和长臂猿的骨盆前视图和侧视图（霍金斯依原图缩小，绝对长度相同）

现在让我们转向一个更重要而且更有特点的器官——人类的这个器官与其他动物相比区别很大，我说的就是头骨。大猩猩的头骨和人类的头骨之间的区别真的非常大（图 16）。大猩猩的脸部主要由大块的颌骨构成，比头骨大得多；而对于人类来说，二者的比例则是相反的。人类连接脑和身体神经的大神经索通过的枕骨大孔，位于头骨基底中心的后面，所以人在直立时头骨是均匀而且平衡的；大猩猩的枕骨大孔则位于头骨基底的后面$\frac{1}{3}$处。人类的头骨表面比较光滑，眉脊通常稍稍凸起；大猩猩的头骨表面生有很大的脊突，凹陷的眼窝上面的眉脊就像巨大的屋檐一样。

然而，我们可以从头骨的断面看出：大猩猩头骨的一些明显缺陷实际上并不完全是由脑壳的缺陷造成的，而更多的是由过度发达的面部骨骼造成的。颅腔的形状很正常，前额既不扁平也不向后凹陷，只是它真实的曲线被上面突出的大块骨头掩盖起来了（图 16）。但眼窝上部倾斜至颅腔中，从而减少了大脑前叶下面的空间，而脑的绝对容量远小于人的。我从未见过一个成年男子的头骨的容积小于 62 立方英寸，莫顿在人类所有种族中观察到的最小头骨的容积为 63 立方英寸；迄今为止所测量到的大猩猩头骨的容积最大不超过 34.5 立方英寸。我们可以假设，为简单起见，人类头骨的最小容积是大猩猩头骨的最大容积的两倍。

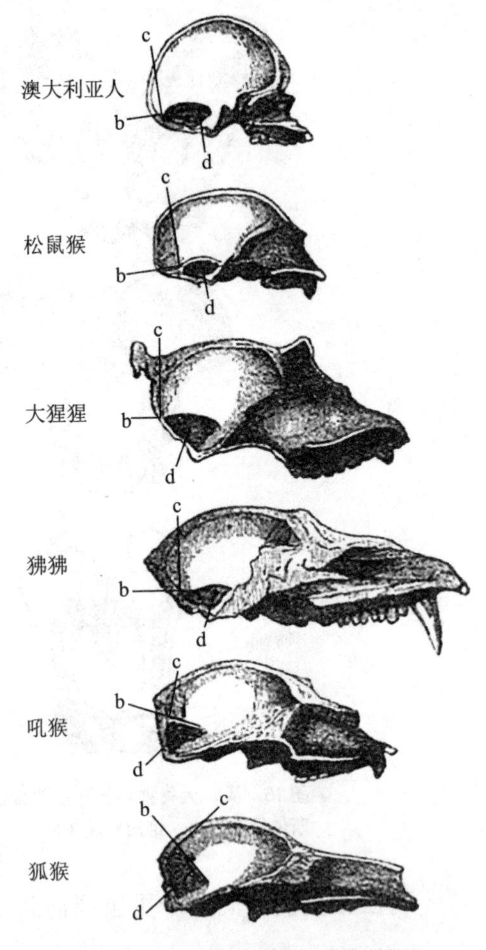

图 16　人类和各种猿类的头骨的断面

各类脑腔用相同的长度表示，从而表示出面骨的不同大小。b 线表示大脑与小脑之间的小脑幕平面；d 线表示头骨的枕骨大孔轴；c 线是小脑幕后的附着点垂直于 b 线的垂直线；c 线后面的脑腔范围表明大脑覆盖小脑的程度，小脑的区域用阴影表示。在比较这些图的时候，我们应该注意：这些图片都很小，只能大概说明文中的意思，这些证据还需要用实物本身去检验

毫无疑问，这是一个非常显著的区别，但是考虑到关于脑容量的其他同样毋庸置疑的事实，它的分类价值就不怎么明显了。

首先，人类不同种族的颅腔容积之间的差异，在绝对量上，比人类最小脑容量与猿的最大脑容量之间的差异大得多，虽然在相对量上，二者是大致相同的。莫顿所测得的最大的人类头骨，有 114 立方英寸的容量，几乎是最小人类头骨的一倍；而它的绝对量超出值为 52，远远大于成年男性最小的颅骨与大猩猩最大的颅骨之间的差值（62-34.5=27.5）。其次，迄今为止所检测到的成年大猩猩的颅骨，彼此间几乎相差$\frac{1}{3}$：最大容量为 34.5 立方英寸，最小容量为 24 立方英寸。再次，如果适当地考虑到大小的差别，一些较低等的猿类的脑容量，就相对量而言，比那些较高等的猿类的脑容量小的部分，几乎等于猿类的脑容量比人类的脑容量小的部分。

因此，即使在脑容量这样重要的方面，人类之间的差异比人类与猿类之间的差异还要大，而最低等猿类与最高等猿类之间的差异在比例上，就像最高等猿类与人类之间的差异那样大。如果考虑到猿猴大脑其他部分的变化，上面提到的比例还可以得到更好的说明。

大猩猩的面部骨骼很大，颌骨也很突出，使它的头骨具有小面角，体现出野兽的特性。

但是，如果我们只考虑面部骨骼和头骨的比例大小，那么小松鼠猴（图 16）与大猩猩之间的差异就很大了，就像人类与大猩猩之间的差异一样大；而狒狒（图 16）则过分地增大了大型类人猿口鼻部的大小，所以类人猿看起来比狒狒温和些，甚至有些像人。大猩猩与狒狒之间的差别，比第一眼看上去更大，因为大猩猩面部的大部分是由颌骨向下发育而形成的，而狒狒的特征则是像野兽一样的颌骨加上与人很像的向前发育的特征。狐猴在这个方面表现得更明显。

同样，吼猴（图 16）的枕骨大孔完全位于头骨之后，狐猴的更靠后，它们的位置比大猩猩的都靠后一些，就像大猩猩的比人的更靠后一样。吼猴所属的阔鼻猴属（即美洲猴类）还包含松鼠猴，其枕骨大孔的位置比其他任何猿猴的都要靠前，几乎接近人类枕骨大孔的位置。这似乎明显地表明：试图用枕骨大孔的特点作为分类的基础，是没有用的。

此外，和人类一样，猩猩的头骨没有很发达的眉脊，只是一些变种的头骨上有大的骨嵴；而一些卷尾猴和松鼠猴的头骨则像人类的一样光滑圆润。

头骨的这些主要特征就是这样，我们可以想象得到，头骨的所有次要特征也是这样的。所以，人的头骨和大猩猩的头骨之间每一个固定的差别，在大猩猩的头骨和其他猿的头骨之间也可以找到同等程度（即同样性质的过多或缺少）的差别。所以，就头骨和一般的骨骼来说，人与大猩猩之间的差别，比大猩猩和其他一些猿类之间的差别小，这种说法是很有道理的。

在与头骨有关的方面，我要说一下牙齿。牙齿是具有特殊分类价值的器官，它在数量、形状和排列顺序上的相同和不同之处使其成为比其他任何器官都更可以信赖的表明亲缘关系的标志。

人类有两套牙齿，即乳齿和恒齿。前者由上下各4枚门齿、2枚犬齿和4枚臼齿构成，总共有20枚。后者（图17）包括4枚门齿、2枚犬齿、4枚被称为前臼齿或假臼齿的小臼齿，以及6枚较大的臼齿，上下两排，总计32枚。上颌的内侧门齿比外侧门齿大，下颌的内侧门齿比外侧门齿小。上颌臼齿的齿冠有4个齿尖（圆钝的突起），还有一条从齿冠斜穿过，从内侧的前齿尖走到外侧的后齿尖的齿脊（图17m^2）。下颌的第一臼齿有5个齿尖，外侧3个，内侧2

个。前臼齿有 2 个齿尖，一个在内侧，一个在外侧，外侧的比较高。

大猩猩的齿系在以上这些方面与人类的很相似，可以用描述人类齿系的术语来描述，但在其他方面却表现出许多重要的区别（图 17）。

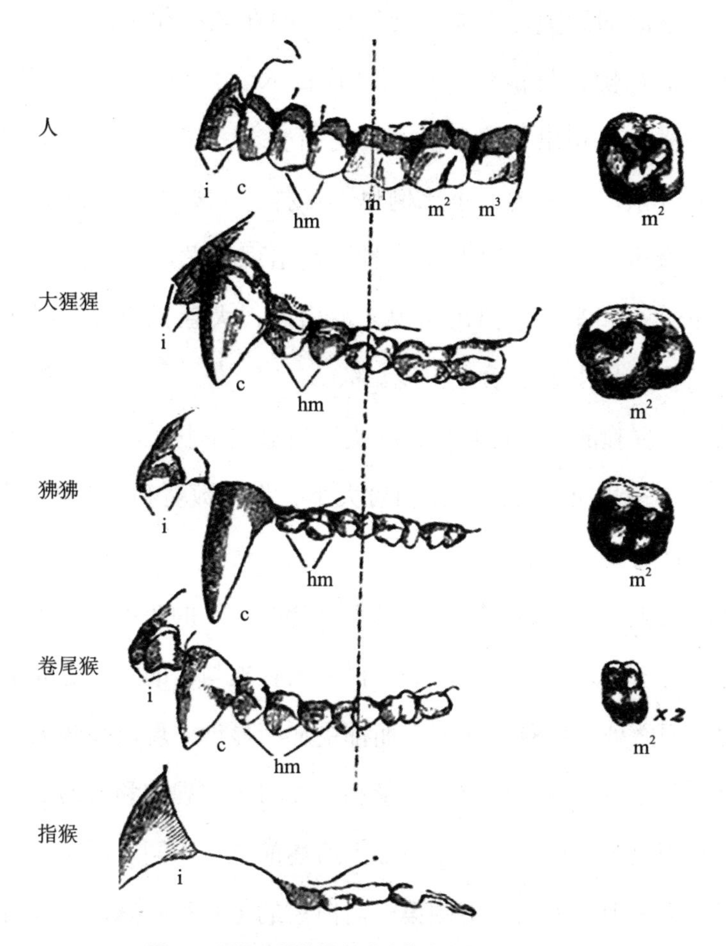

图 17　不同种类的灵长类动物的上颌侧视图（同一长度）

i. 门齿；c. 犬齿；hm. 前臼齿；m. 臼齿。画一条虚线，通过人、大猩猩、狒狒和卷尾猴的第一臼齿。右面各图表示的是各个种类的第二臼齿的咬合面，它的前内角位于m²的 m 的上面

人类的牙齿构成一个很有规律而且整齐划一的行列，中间没有空隙，也没有一颗牙齿比平均高度高。就像居维叶以前发现的那样，

除了早已灭绝了的与人类大相径庭的“无防兽”外，其他任何一种哺乳动物都没有这种特点。相反，大猩猩的牙齿在上下颌都有叫作齿隙的间断或空隙：上颌的齿隙位于犬齿的前面，即在犬齿和外侧门齿之间；下颌的齿隙位于犬齿的后面，即在犬齿和第一前臼齿之间。上下颌的齿隙恰好能使对应的犬齿嵌入。大猩猩的犬齿很大，就像象牙一样远远超出其他牙齿的平均高度。大猩猩的前臼齿的齿根比人类的复杂，臼齿的大小比例也不一样。大猩猩的下颌最后面的臼齿的齿冠也比人类的复杂，而且恒齿出现的顺序也不同：人类的犬齿在第二枚和第三枚臼齿出现之前出现，大猩猩的犬齿则在第二枚和第三枚臼齿出现之后才出现。

因此，大猩猩的牙齿在数量、种类和齿冠的形状上与人类的牙齿很相似，但在一些次要方面，如相对大小、齿根数量和萌发顺序等，则与人类的有明显的差别。

如果将大猩猩的牙齿与一种类似于狒狒的猴子的牙齿做比较，则很容易观察到一些差异和相似之处。很多大猩猩与人的相似之处是它与狒狒的不同之处，而狒狒在各方面都更加明显地体现出那些大猩猩与人类的不同之处。狒狒牙齿的数量和性质与大猩猩的和人的是一样的。但狒狒的上颌臼齿的样式则与如上所述的完全不同（图 17）：犬齿更长而且更呈现出刀状，下颌第一前臼齿的形状很特殊，下颌后臼齿比大猩猩的更大而且更复杂。

从旧大陆的猴类到新大陆的猴类，可以看到一个更重要的变化。例如，在卷尾猴这样的属内（图 17），虽然在一些次要方面，如犬齿的突出和齿隙，仍保留了与大猿类似的特点，但在其他更重要的方面，齿系就很不一样了。乳齿不是 20 枚，而是 24 枚；恒齿不是 32 枚，而是36枚，即前臼齿从8枚增加到12枚。在形状上，臼齿的齿冠与大猩猩的很不一样，与人类的相比差别就更大了。

另一方面，狨猴的牙齿数量与人和大猩猩的牙齿数量一样，但是齿系差别很大：像其他美洲猴子一样，缺少4枚后臼齿，但多出4枚前臼齿，所以牙齿总数仍然是相同的。从美洲猴类到狐猴，齿系在本质上与大猩猩更加不同了：门齿在数量和形状上都有所不同，臼齿慢慢地形成了一种多尖的食虫类的特征。在指猴属内，犬齿消失，牙齿完全成了啮齿类动物的牙齿的样子（图17）。

所以，很明显，虽然最高等的猿的齿系与人的差别很大，但与较低等和最低等的猿类的齿系相比，差别就更明显了。

动物身体结构中的任何一个部分，不管是肌肉，还是内脏，都有可能被拿来做比较，其结果是相同的：比猿低等的猴类与大猩猩之间的差别比大猩猩与人类之间的差别更大。这里我不能详细说明这些差别，而且实际上也没有这个必要。但是，人和猿之间的事实上的或假设的区别仍然存在。因为人们对此给予了很多关注，所以需要认真研究，以便能对真实的研究结果给予正确的评价，并揭露那些虚构的研究结果。我要说一下手、脚和脑的特点。

人类是唯一上肢末端有两只手、下肢末端有两只脚的动物，而所有的猿类都被说成有四只手。可以肯定的是，人类的脑和猿类的脑有着根本的区别，只有人类的脑才有解剖学家所说的后叶、侧脑室后角和小海马等结构。令人惊奇的是，这个断言一次又一次地被重复。

上述第一种观点已经得到一般意义上的承认，这并不令人惊讶。事实上，这种观点只需要看一眼表面特征就能得到支持。但是，对于第二种观点，人们只能欣赏提出者不同凡响的勇气，不仅因为这是一个创新，也因为它与被普遍接受的学说对立，而且直接遭到了专门对此事展开调查研究的原始探索者的否定，还因为迄今为止它不能被任何一个解剖样本证明。如果不是因为人们普遍认为一再重申的断言一定有某种依据，它实际上是不值得去认真反驳的。

为了更好地讨论第一点，我们必须慎重地考虑并比较人手和人脚的结构，从而对手和脚的结构有更清晰明了的概念。

人手的外部形态大家已经足够熟悉了。它有一个粗壮的手腕，后面是一个宽阔的手掌，由肌肉、腱和皮肤组成，把 4 块骨头联结在一起，并分出 4 根可以弯曲的长手指，每个手指在最后一节的背面末端都有一个宽扁的指甲。任何两个手指之间最长裂缝的长度都不到手长的一半。手掌底部的外侧有一个粗壮的手指，只有两节，而不是三节，它很短，末端只达到紧挨着的那个手指的第一节的中部，它有很好的可活动性，还能向外侧延展到几乎同其他手指呈直角的程度。这个手指叫作拇指。与其他手指一样，拇指末节的背面末端也有扁的指甲。拇指因为其比例和可动性而被称为“可对向的”，换言之，它的末端可以非常容易地与任何一个手指的末端接触。依靠这种对向性，我们的许多想法得以实现。

脚的外形和手差别很大。但是在仔细比较之后，可以发现二者还是呈现出一些比较独特的相似之处。即脚踝和手腕、脚底和手掌、脚趾和手指、大脚趾和拇指等，在某种意义上是非常相似的。但是，脚趾在比例上比手指短得多，并且可活动性不是很好，对于这一点大脚趾表现得更为明显。但是，我们不能忘记，文明人的大脚趾是因为在幼年时期就被比较紧的鞋子束缚，所以才缺乏可活动性的。而未开化的人和喜欢赤脚的人，其大脚趾还保留着很大的可活动性，甚至还有一些对向性。但是无论如何，大脚趾的关节构造和骨头的排列，使其弯曲握捉的动作远不及拇指灵活。

为了了解脚和手的异同之处，以及它们各自的显著特征的精确概念，我们必须深入皮肤的下面，以比较它们各自的骨骼结构和运动机制（如图 18）。

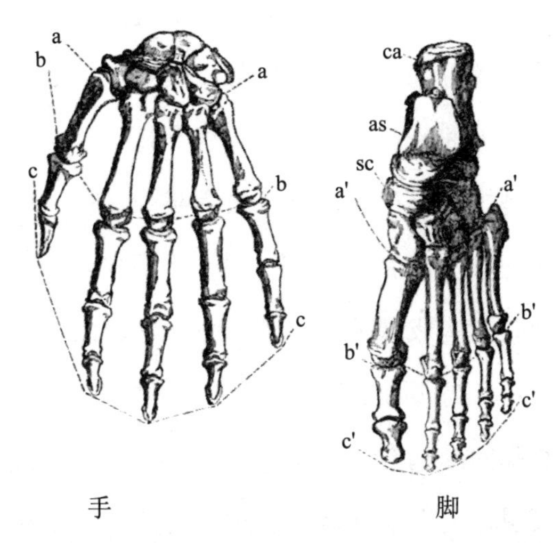

图 18　人的手和脚的骨骼（按照格雷《解剖学》中卡特所绘的图缩小而成）图中手的比例尺比脚的大。aa 线指明手的腕骨和掌骨间的界线；bb 线指明掌骨和基指骨间的界线；cc 线指明端指骨的末端；a'a' 线指明脚的跗骨和跖骨间的界线；b'b' 线指明跖骨和基趾骨间的界线；c'c' 线指明端趾骨的末端；ca 线指明跟骨；as 线指明距骨；sc 线指明跗骨中的舟状骨

手腕部分的骨骼由两列紧密连接的多角形骨头（术语称之为腕骨）组成。每列各有 4 块骨头，大小大致相等。第一列骨头和前臂骨一起构成了腕关节。这些骨头是并列的，没有一块骨头超越别的骨头或是互相重叠。

腕骨第二列里的 3 块骨头，连接着支撑手掌的 4 根长骨。具有同一性质的第五根长骨，以较为灵活的方式与腕骨相连接，并构成了拇指的基部。这5根长骨叫作掌骨。这些掌骨上连着指骨。其中，拇指有两节指骨，其他各指各有三节。

手和脚的骨骼在某些方面很相似。相当于拇指的大脚趾只有两节趾骨，其他脚趾各有三节。每一节趾骨连接着一根与掌骨相当的长骨头，叫作跖骨。与腕骨相当的跗骨，有4块短而呈多角形的骨头，排成一列。它和手的第二列的4块腕骨对等。在其他方面，脚和手的差别则很大。大脚趾是最长的脚趾，并且大脚趾的跖骨和跗骨的连接远不如拇指的掌骨和腕骨的连接活动自如。其中一个更为重要的区别在于：跗骨除了包含上述4块一列的骨头外，还有3块而不是4块小跗骨，并且它们不是排成一列。在这3块骨头中，有一块叫作跟骨，位于外侧，向后突出成为脚后跟；另一块叫作距骨，一面靠在跟骨上，另一面和小腿骨共同构成踝关节，其第三面向着前方，并被一块叫作舟状骨的骨头把它和与跖骨邻近的3块内侧跗骨隔开。

因此，手和脚的结构有非常明显的区别。只要将腕骨和跗骨对照一下，就可以很明显地观察到这些区别。另外，将掌骨和跖骨的大小比例、活动性以及相应的各指和趾的骨头比较一下，就可以观察出它们之间的差异。

在把手和脚的肌肉进行对比时，可以看出属于同一性质的两类差别。

有3条叫作屈肌的主要的肌肉，具有弯曲手指和拇指的作用，因此可以握拳。还有3条肌肉——伸肌，具有伸展手指的作用，因而可以伸直手指。这些肌肉都是长肌，即每条肌肉的肉质部分附着在臂骨上，而它的另一端延续成腱，延伸至手部，最后附着在可以活动的骨头上。因此，当手指弯曲时，附着在臂骨上的屈肌的肉质部分，因为肌肉固有的特殊作用而收缩，牵拉着处于肉质其他部分的腱，从而使腱可以把手指骨向掌心弯曲。

手指和拇指的主要屈肌是长肌，而且彼此始终完全可以区分而不相混杂。

在脚趾上也存在 3 条主要的屈肌和 3 条主要的伸肌。但是其中一条屈肌和一条伸肌都是短肌，即它们的肉质部分不是位于小腿内部（它相当于前臂），而是在脚背和脚底（相当于手背和手掌）上。

此外，脚趾和大趾的长屈肌的腱在到达脚底的时候，不像手掌的屈肌那样彼此分明，而是互相连接、混杂，呈现出一种很奇怪的样子。而这些连接的腱还接受一条与跟骨相连接的附加肌。

但是，脚的肌肉最突出的特征，或许是一条被称为腓骨长肌的长肌肉。它附着于小腿外侧的骨头上，把它的腱伸向外踝，并通过踝的后部和下方，再斜横过脚部与大脚趾的根部相连接。手没有这种与其匹配的肌肉。显然，只有脚有这种肌肉。

概括地说，人的脚和手是根据下述解剖学上的差别区分的：

（1）跗骨的排列。

（2）趾骨有一条短屈肌和一条短伸肌。

（3）有称作腓骨长肌的肌肉。

因此，如果我们想要确定其他灵长类的肢体末端是手还是脚，一定要根据是否有上述特征来决定，而不能只根据大脚趾的比例和可活动性来决定。因为在脚的结构未发生根本变化的情况下，大脚趾的比例和可活动性是可以无限变化的。

根据上述考虑，现在让我们转到对大猩猩四肢的研究。区分大猩猩的前肢末端并不困难。不管是肌肉对肌肉，还是骨头对骨头，它们在排列上基本都和人的一样。或许也有一些小的差异，正如在人类中所见到的变异一样。大猩猩的手较粗笨，拇指比人的拇指短一些。但是，从未有人怀疑那是真正的手。

乍一看，大猩猩的后肢末端与手很相似，很多较低等的猿猴类也有此特征。因此，由布鲁门巴哈采用古代解剖学家所定的，后来不幸被居维叶传播的“四手兽”的名称，能被公认为一般猿猴类的通称，是不足为奇的。但是，对于“后手”与真手相似这种观点，只要进行粗略的解剖学研究，就可以立刻知道这只是一种肤浅的见解。而在所有根本的方面，大猩猩的后肢端部有脚，和人的脚一样。跗骨的形状、数量和排列等方面都和人类的基本一样（图 19）。另一方面，跖骨与趾骨长而细；大脚趾不仅在比例上看较短、较弱，而且它的跖骨和趾骨还与一个更为灵活的关节所连接。它的脚和小腿的连接也要比人类的斜一些。

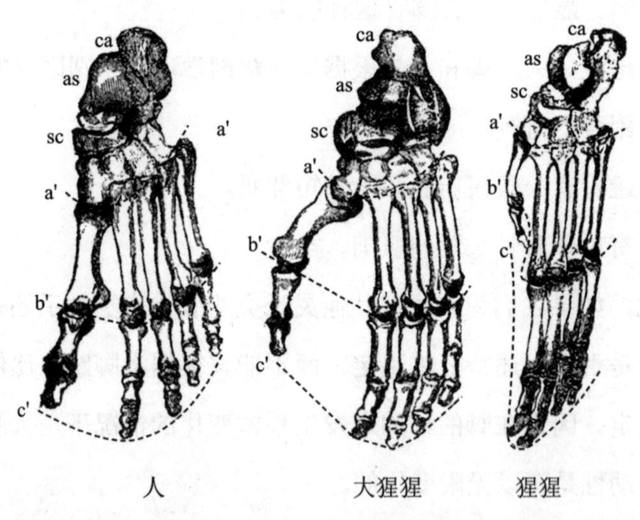

图 19　人、大猩猩和猩猩的脚（根据同一绝对长度，表示其各部分的比例差异。各部分名称如图 18 所示。由霍金斯根据原图缩小而成）

肌肉则有一条短屈肌、一条短伸肌和一条腓骨长肌。而大脚趾和其他脚趾的长屈肌的腱相互连接，并与一组附加肌相连。

因此，大猩猩的后肢有具有可以活动的大脚趾的真正的脚。虽然它确实可以握东西，但是无论如何也不能将其当作手。它作为脚，就其根本特征而言，与人类并无区别，只是在组成部分的大小比例、可以活动的程度以及排列等方面存在不同罢了。

然而，不能因为我说这些不是根本差异，就以为我要低估它们的价值，这些差异还是具有重要价值的。脚的构造，在各种情况下，都与动物的其他部分的构造紧密相关。我们更不能怀疑，腿和脚在生理上承担了较多的工作——人类支撑身体的功能完全落在脚和腿上。但是归根结底，从解剖学的角度来看，大猩猩的脚与人的脚之间的相似性，与它们之间的差异相比，更为显著而重要。

我之所以对这一点加以详细论述，是因为关于这一点曾经流传着很多误解。其实，即使我忽略了这一点，也不会对我的论证造成多大影响。我只需要在这些论证中指明人与大猩猩的手脚有何区别即可——大猩猩的手脚与比它低等的猴类的手脚之间的差异比人的手脚与大猩猩的手脚之间的差异大得多。

在得出关于这个题目的明确结论的过程中，并不需要讨论比猩猩低等的猴类。

就拇指差异来讲，猩猩与大猩猩之间的差异，要大于大猩猩和人类之间的差异。猩猩的拇指不仅短，而且缺少特有的长屈肌。猩猩的腕骨，和大多数比它低等的猴类一样，含有 9 块骨头。然而，大猩猩和人类一样，腕骨都有 8 块骨头。

猩猩的脚（图 19）更为异常：有很长的脚趾和跗骨、短的大脚趾、短而隆起的跟骨，它和小腿关节连接处的倾斜度大，以及缺少一条通向大脚趾的长屈肌腱。这些特征使猩猩的脚和大猩猩的脚之间的差异大于大猩猩的脚与人类的脚之间的差异。

大猩猩的手脚与一些低等猴类的手脚之间的差异大于猩猩的手脚与大猩猩的手脚之间的差异。美洲猴的拇指不能和其他手对向。蛛猴的拇指已经萎缩，只留下残迹，被皮肤包裹着。狷狨的拇指向前，并且与其他脚趾一样，具有弯曲的爪子。因此，这些事例完全可以说明，大猩猩的手与人手之间的差异小于大猩猩的手和猴类的手之间的差异。

至于脚，狷狨的大脚趾，在比例上比猩猩的大脚趾小得多。而狐猴的大脚趾却很大，和大猩猩的一样，很像拇指，可以和其他四指对向。但是，在这些动物中，第二个脚趾往往都变形了。在一些种类中，两块主要的跗骨，即距骨和跟骨极度延长，使脚的形状完全不同于其他任何哺乳动物的脚。

肌肉亦是如此。大猩猩脚趾的短屈肌与人类脚趾的短屈肌的不同之处，在于它的短屈肌中的一条肌肉不与跟骨连接，而是与长屈肌的腱相连接。和大猩猩不同，猴类在这一性状上更加突出，有 2 条、3 条或更多条的肌肉附着在长屈肌的腱上；或者因为这些肌肉的数量成倍地增加而与大猩猩不同。此外，大猩猩的长屈肌腱之间的连接方式与人类的也有所不同。而大猩猩与猴类相比，同一部位的肌肉的排列方式不同，有时排列得很复杂，有时又经常缺少附加肌束。

脚虽然有上述变化，但是应该记住，脚并没有失去任何基本特征。任何猴和狐猴的跗骨都有特殊的排列方式：具有一条短屈肌、一条短伸肌和一条腓骨长肌。虽然这个器官在大小比例和形状等方面存在着种种变化，但是其后肢末端在构成方式上和原理上都只能是脚，在这些方面脚绝对不能和手相混淆。

身体结构的任何其他部分，都不能比脚和手更适合说明，人类和猿类在构造上的差异不如猿类和猴类之间的差异大。或许对另外一个器官的研究可以更显著地加强上述结论，这个器官就是脑子。

首先，我们必须明白在大脑结构上，哪些是大差异，哪些是小差异，这对于研究猿脑和人脑的差异至关重要。为了达到这一目的，最好简单地研究一下脑在脊椎动物系统中的主要变化。

鱼的脑子，和与它连接的脊髓以及从它发出的神经相比，是很小的。脑子的嗅叶、大脑半球和后面连接的部分，大小差不多，并没有哪一部分过多地超过其他部分，以致遮蔽或覆盖其他部分。视叶一般是所有部分中最大的。在爬行类动物中，如果将脑和脊髓进行比较的话，脑量的确增加了，而且大脑半球开始超越其他部分。这种区别在鸟类中更加明显。最低等的哺乳动物，如鸭嘴兽、袋鼠、负鼠等，脑量增大的发展趋向更加明显。它们的大脑半球增加到很大，甚至或多或少地掩藏了较小的视叶。因此，有袋类动物的脑子与鱼类、爬行类和鸟类的脑子之间存在着很大差异。在进化等级上再上一层，即在胎盘类哺乳动物中，脑的构造发生了很大变化。这种变化，并不是老鼠或兔子的脑子与有袋类动物的脑子在外形上差异有多大，也不是脑子的各部分比例有很大变化，而是在大脑半球之间出现了一个明显的新构造，叫作大连合或者胼胝体。它将大脑两个半球连接起来。但是如果现在被普遍接受的记述是正确的，那么在所有脊椎动物里，有胎盘类哺乳动物的胼胝体的出现显示出最大、最突然的脑的变化。这是大自然在制造脑的工作中的最大进步。脑的两个半球从此就互相连接起来了。对于脑的错综复杂的发展，从低等的啮齿类或食虫类到人类，可以追踪这一系列的完整的发展过程。脑的错综复杂，主要是因为大脑半球和小脑，尤其是前者，与脑子的其他部分相比，显得不相称地发达。

从上面看较低等的有胎盘类哺乳动物的脑子，小脑的上半部分和它的后面没有被大脑半球覆盖，因此可以完全看见。但在较高等的有胎盘类哺乳动物中，大脑半球的后部和小脑的前面仅被小脑幕隔开，后部向后下方倾斜和突出，形成所谓的后叶，最终将小脑遮盖起来。每一个哺乳动物的大脑半球内都有一个叫作脑室的腔。这个脑室在半球内向前方和后方延伸成两个角，即一个前角和一个下角。如果后叶很发达，脑室就延伸成第三个角，叫作后角。

较低等的和小型的有胎盘类哺乳动物的大脑半球表面有的光滑，有的呈现出均匀的圆形，有的有少数的沟和分隔的脊（或"回"）。所有目里面的小型种类，一般都有同样光滑的脑子。但是在高等的目里，尤其是其中的大型种类，沟的数量很多，脑回也相应地更为复杂。象、海豚、较高等的猿猴类和人类，大脑表面都有迷宫似的迂回褶皱。

如果有后叶和后叶内常有的腔——后角，那么通常就会在后叶的内面和下面出现一条特别的沟，与后角平行并位于后角底壁的下面。这个后角呈拱形，跨越沟的顶壁。这条沟好像是用一种钝的工具从外面刻入后角的底壁而形成的。所以，隆起的后角底壁就像一个凸丘一样。这个凸丘叫作小海马。但是，这些凸丘在功能上到底有什么重要性，现在还不得而知。

在猿猴类的脑子方面，大自然为我们提供了一系列完整的进化过程，即从比啮齿类稍微高等一些的直到比人类稍低等一些的猿猴类的脑子。这一较为明显的例子似乎表明，在人和猿猴类的脑子之间不可能有任何屏障。从我们现有的知识来看，在猿猴类的脑子中，的确存在一个真正的构造上的间断。这个间断不是存在于人类和猿类之间，而是存在于低等和最低等的猴类之间。换言之，就是存在于新旧大陆的猿猴和狐猴之间，这的确是一件引人注意的事。就我们观察到的每只狐猴来说，可以从上面看到它的一部分小脑，它的大脑后叶，连同它的后角及小海马都比较原始。相反，狷狨、美洲猴、旧大陆猴、狒狒或类人猿的小脑后面完全为大脑遮盖，并且它们具有一个大的后角和一个发达的小海马。

可以肯定的是，在很多这类动物中，如松鼠猴，它的大脑叶覆盖小脑，并向后伸展得很远，从比例上讲比人类的还要向后些（图16），小脑全部为十分发达的后叶遮盖。任何人只要有一个新大陆猴或旧大陆猴的头骨，就可以证明这一事实。因为所有哺乳动物的脑都完全使颅腔充满，所以可以通过颅内部的模型复制脑子的一般形状。虽然干的颅骨内没有包裹脑子的脑膜，使脑模型与实际的脑子之间存在着微小的差别，但是对于我们现在要说明的问题，这些区别是微不足道的。如果用石膏铸成这样一个模型，与人的颅内部模型相比，代表猿猴的大脑室的模型完全覆盖了代表小脑室的模型——显然同人类的是一样的（图20）。一个粗心的观察者，如果忘记了像脑一样柔软的构造在被从颅内拿出来时会失去原形，就可能在看到一个被拿出来的变形的大脑连着裸露的小脑时，误认为这是大脑自然的组成关系。但是如果将大脑再装回颅腔里，他就会明白他所犯的错误了。认为猿类的小脑后部原来就是裸露的，这种错误理解，好比一个人的胸部被剖开时，因为没有了空气的压力而导致人的肺缩小了，就以为人类的

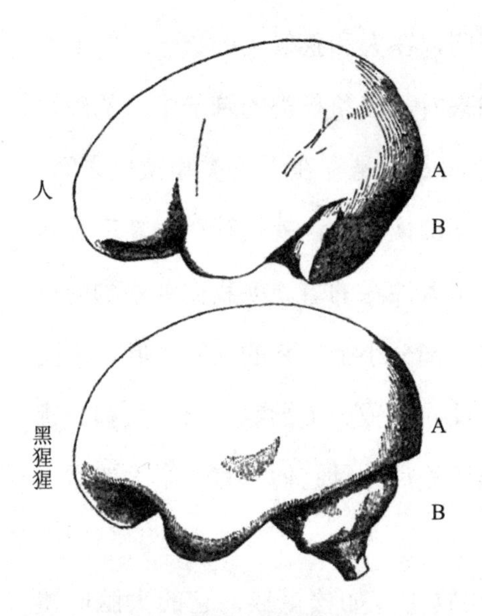

图 20　人类和黑猩猩的颅内模拟图（以同样的绝对长度和位置绘制而成）

A. 大脑；B. 小脑。上图是依照皇家外科学院博物馆内的模型绘制的，下图则是依据马歇尔于 1861 年 7 月发表在《博物学评论》的文章《论黑猩猩的脑》的颅内模拟照片绘制而成的。黑猩猩的大脑腔下缘有界线是因为其小脑幕保留在颅内，而人类的颅内则没有。黑猩猩的模型比人类的更为精确；人类的大脑后叶向后大大延伸，甚至超过了小脑，这是很明显的

肺只在胸腔中占据了很小一部分空间。

在研究比狐猴高等的猿猴的头骨切面时，如果不尽力做一个模型，显然是大错特错的。像人类的头骨一样，任何一个这样的头骨中都有一条很明显的沟，即小脑幕的硬脑膜的附着线。小脑幕是一种类似于羊皮纸的隔板或隔层，位于大脑和小脑之间，起到防止后者被前者压迫的作用（图 16）。

因此，这条沟就是颅腔中包含大脑和小脑的部分的分隔线。因为大脑充满了颅腔，所以颅腔中这两部分的关系使我们很容易明白这两部分填充物之间的关系。人类和所有新旧大陆的猴类（除去一种例外），当脸部朝向前方时，小脑幕的附着线几乎都在水平位置上；而大脑腔却常常覆盖在小脑室上，或者向后突出于小脑室的上面。吼猴（图 16）的这条附着线斜向上后方，大脑几乎完全不覆盖小脑。狐猴的这条附着线却和低等动物的一样，更倾向于上后方，小脑室大大地突出，超过了大脑室。

就像权威人士所指出的那样，即使是像观察后叶这样容易的科学研究也可能出现严重的错误，所以在观察一些虽然不十分复杂但仍然

有必要投入适当注意力的事物时，必然会产生更坏的结果。一个人如果无法看到猿脑的后叶，他就很难针对后角或者小海马提出建设性的意见。这就好比一个人如果无法看到教堂，那他就可能对教堂祭坛后面的屏风或窗上的绘画提出荒谬的意见。所以，关于后角和小海马，我认为没有必要进行讨论。如果我能够使读者相信以下观点，我就心满意足了：猿类的后角和小海马至少和人类的一样发达，甚至可能更发达；不只是黑猩猩、猩猩和长臂猿，生活在旧大陆的狒狒和猴子，还有生活在新大陆的大部分猴类包括狷狨也都是这样。

后叶、后角和小海马是人类大脑所特有的构造的观点曾经被多次提出，现在这个观点已经通过最清晰明了的图解证明事实并非如此，但还是有人固执己见。事实上，现在有足够多的可靠的证据（娴熟的解剖学家对这些问题进行深入研究之后得出的结果），使我们确信这些构造是人类和猿类的大脑所共有的。这些构造是在人类身上所体现出来的猿类特征中最显明的几点。

至于脑的沟回，在猿类中呈现出每一个发展阶段：从狷狨的几乎平滑的脑，到只比人类稍微低等一些的猩猩和黑猩猩的脑。最明显的是，当脑上主要的沟都出现时，其排列方式与人脑上相应的沟是一样的。猴脑的表面呈现出类似于人脑的轮廓的图形，类人猿的脑里则填充了更多的细节。只有一些很细微的特征没有被包含进去，如前叶上较大的凹陷、人类所不具有的脑裂，以及一些脑回的不同排列模式和比例。这些特征可以在构造上把黑猩猩和猩猩的脑与人脑区分开（图 21）。从大脑的构造上来讲，我们可以很明显地发现，人类与黑猩猩或猩猩的区别比它们与猴类的区别小。人脑和黑猩猩脑之间的差异与黑猩猩脑和狐猴脑之间的差异相比，几乎可以忽略不计。

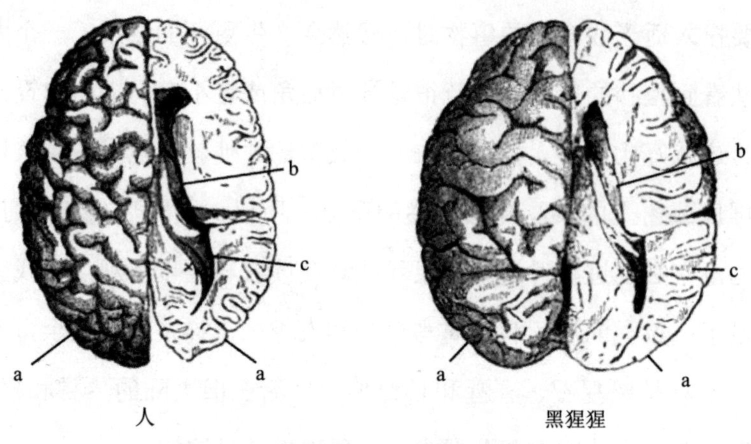

图 21　人和黑猩猩的大脑半球素描图

但是，我们必须认识到，在绝对质量方面，最低等的人脑和最高等的猿脑之间是有极大差异的。如果我们了解到一只成年猩猩的体重可能比一个博斯杰斯曼人或者不少欧洲女人的体重重上一倍的话，这个差异就更显而易见了。我们还无法断定一个成年人的脑的重量是否会少于 31 盎司[1] 或者 32 盎司，又或者大猩猩的脑的最大重量是否会超过 20 盎司。

这是一个很值得引起注意的情况，毫无疑问它有助于解释是什么原因使最低等的人和最高等的猿类之间在智力上有巨大的差距。但是，这在系统分类方面是没有价值的，理由很简单，从以上关于脑量的讨论之中就可以得出结论：最高等的和最低等的人类之间的脑重量的差别，不管是相对重量，还是绝对重量，都比最低等的人类与最高等的猿之间的脑重量的差别大得多。如前所述，最高等的猿类的脑的绝对重量是 12 盎司（或者可以用 32∶20 表示相对重量），而人脑重量的最大记录在 65~66 盎司之间，人脑绝对重量之差大于 33 盎司（相对

[1] 1 盎司 =0.0283 千克。——编者注

重量是 65∶32)。在分类系统方面，人脑与猿脑之间的差异还没有超过属的特征的价值，科的特征则主要来自其齿系、骨盆和下肢。

所以，不管是哪个器官系统，在猿类系列中对它们的变化做比较研究，都可以得到相同的结果：人类与猩猩和大猩猩在构造上的差异小于猩猩和大猩猩与比它们低等的猴类之间的差异。

但是，在对这个重要的真理进行说明时，我必须预防一种相当流行的误解。实际上，我发现那些企图将大自然已经告知于我们的知识传递给大众的人，往往会曲解或者篡改语句，以致他们可能会说：甚至人类与动物中最高等的猿类在生理构造上的差异也是不值一提的。所以，让我借此机会郑重申明：正好相反，人与猿的差异非常大。大猩猩的每块骨头都和人类相应的骨头有区别；并且，迄今为止，在“人属”和“黑猩猩属”之间根本找不到一个中间的物种类型。

否认人与猿之间的差异固然是错误且荒谬的，而刻意夸大二者之间的差异，或者只承认二者之间有差异却不顾及差异的大小，也一样是错误且荒谬的。请务必记得，人类和大猩猩之间是没有中间类型的。也不要忘记，在大猩猩与黑猩猩之间，或者黑猩猩和长臂猿之间，也同样有鲜明的分界线，没有任何过渡类型存在。这条分界线虽然很小，但很鲜明。依据生理构造上的差异把人和类人猿分列为不同的科是绝对合适的。但这两个科之间的差异比同一个目中其他科之间的差异小，所以另立一个“人目”是不合理的。

所以，动物分类学的立法者林奈的确有先见之明，一个世纪以来解剖学领域的研究结果将我们带回到他的结论上去，也就是说，人和猿、狐猴都属于同一个目（林奈将其命名为灵长目，这个名称应该保留下来）。如今，灵长目可以划分为七个科，这七个科具有类似的分类价值：第一科，人科，只包括人；第二科，狭鼻猴科，包括旧大陆的各类猿猴；第三科，阔鼻猴科，包括新大陆除狷狨以外的各种猴；第四科，狷狨科，包括狷狨；第五科，狐猴科，包括狐猴，但其中的指猴似乎应该被单独划分为第六科，也就是指猴科；第七科是蝙蝠猴科，包括飞狐猴，这是一种奇异的生物，类似于蝙蝠。正如指猴的外形与啮齿类动物相似，狐猴和食虫类动物相似。

也许没有任何一个哺乳动物的目呈现出这样一系列的过渡阶段，从最高等的动物渐渐过渡到一些稍低等的动物，再往下就到了有胎盘哺乳类中最低等、最弱小以及智力最不发达的动物。所以，大自然可能早就料想到人类的傲慢，因而做了严密的部署，赋予人类以理性，使人类在最得意的时候意识到自己实际上并不比其他物种优越很多。

我在这篇论文的开始处提出的论点就是直接从这些主要事实中得到的。我确信这些事实是准确的，所以于我而言，必然会得出这个结论。

如果人类和兽类在生理构造方面的差异小于兽类相互之间的差异，我们就能明白：如果我们可以找到形成一般动物的属和科的自然过程，这个过程就足以帮助我们了解人类的起源。换言之，如果狷狨可以被证明是从普通的阔鼻猴逐渐进化而来的，或者狷狨和阔鼻猴是从同一个物种进化来的不同分支，那么我们就有理由相信，人类起源的一种情况是从类人猿逐渐进化而来的，另一种情况是人类和猿类有一个共同的祖先。

现在只有一种关于自然作用的学说具有使人信服的证据，换言之，只有一种关于动物的物种起源的假说有科学根据，那就是达尔文先生所提出的假说。至于拉马克，虽然他的很多观点是明智的，但其中掺杂了很多粗劣的甚至不合理的成分，这就冲淡了他的创造性可能产生的助益，不利于他成为一位稳健审慎的思想家。我曾经听过他宣读一篇论文，题目是《生物的预定连续生成》。但是，一种科学假说最首要的任务是能够使人理解。类似于这样的多方面命题，在从正面、反面或者侧面理解时都应该具有同样的意义。虽然看上去拉马克的假说好像是这么做的，但实际上他并没有真正做到这一点。

因此，关于人类与次于人类的动物之间的关系，现在已经归结为一个更大的问题，就是达尔文的观点是否能够维持下去。但是，如果是这样的话，我们就遭遇了一个难题，就是我们有责任很谨慎地表明我们真正的立场。

我相信达尔文已经令人信服地证实了他所谓的“选择”或“选择变异”在自然世界中是确实存在的，而且仍然在发挥着作用。而且，他还用充分的证据证明了这样的选择可以产生新的种，甚至一些新的属。如果动物之间的差异仅仅局限于生理构造方面，那么我完全可以认为，达尔文已经明确地证明了存在着一种真正的自然界的原因，足以用来说明所有生物种（包括人类）的起源。

但是，在动物和植物的种中，除去其构造上的差异，至少它们中的大多数还显示出生理上的特征，即构造上不同的种，绝大部分不能互相杂交，或者即使它们之间可以杂交，所生的种也是无法与其同类之间杂交生下的种相互交配来繁衍后代的。

但是，一个真正的自然原因要想得到承认，就必须有一个条件，那就是这个原因应该能够说明相关范围之内的所有现象。如果这个原因与某一种现象相抵触，那么这种原因就应该被抛弃；如果这个原因不能对某一现象做出解释，就表示这种解释还不够充分，虽然它可以暂时得到承认，但还不能得到肯定。

现在，据我所知，达尔文的假说符合生物学上的所有已知事实。如果承认这个假说，就能够将发育学、比较解剖学、地理分布学和古生物学等各方面的实际情况互相联系起来，并呈现出一种史无前例的新意义。比如，我就完全相信达尔文的这种假说，即使它不是完全正确的，至少也是接近真理的，就像哥白尼的假说最接近行星运动的真实理论一样。

但是，即便如此，如果这一系列的证据链条中缺少一个环节，我们就只能暂时接受达尔文的假说。如果从同一个祖先选育而来的各种动物和植物都有繁殖能力，并且后代也有繁殖能力，那么就会缺少这个环节。因为选育至今仍没有被证明完全符合产生自然种的要求。

在对读者介绍这一结论时，我将尽量使这种观点具有说服力，因为我要为达尔文的观点辩护。作为一个辩护人，应以消除真正的困难为己任，并且使不信的人信服。

然而，为了用一种公正的态度对待达尔文先生，我们必须承认，达尔文的假说缺乏对有无繁殖力的条件方面的了解。但是，知识的每一个进步都使我们相信，很多事实都与达尔文的假说相符合，或者至少可以用他的假说来阐释，因而他的证据链条中的缺失环节也显得无关紧要了。

所以，我相信达尔文先生的假说，因为已经有证据表明可以用选育的方法产生生理种。就像一位物理学方面的哲学家因为已经有证据表明假说中的以太是真实存在的而接受光的波动学说，或者像一位化学家因为有证据表明原子的存在而接受原子学说。基于同样的理由，我相信达尔文的假说，是因为它有大量显而易见的可靠性：它是目前消除和厘清所观察到的事实中的混乱情况的唯一方法；从发明分类学的自然系统和开始胚胎学的系统研究开创以来，它为博物学家提供了最强大的研究工具。

但是，即使忽略达尔文先生的观点，一切自然界的类似现象都可以提供一个完善而有说服力的证据，以驳斥另一种观点，即认为宇宙中的一切现象的产生都源于一种称为第二原因的干涉。人类与其他物种之间的联系，生物所产生的力量与其他力量之间的联系，都使我确信：从无形的到有形的，从无机物到有机物，从盲目的力量到有意识的智慧和意志，这一切在自然界中都是互相联系的。

在明确和解释了真理之后，科学完成了其使命。如果这本书以科学工作者为特定读者，那么我现在就应该结束了，因为科学工作者们只尊重证据，他们的最高责任就是服从于证据，即使这个证据完全不同于他们的理念。

但是，我希望这本书可以传播到更多有知识、有文化的人群中去。如果在我把通过长期的谨慎研究得出的研究结论公布于世时，大多数读者反对这个结论，而我未做任何解释，那就是不应有的懦弱了。

我可能会听到各种各样的声音——“我们是人类，而不是比较聪明的猿类；我们比那些粗野的黑猩猩和大猩猩腿长，脚长得更结实，脑子也更大。不管它们在外表上与我们有多相似，我们的知识、善恶观念、天性中的怜悯之心，都使我们人类超越了一切野兽。”

我只能说这种声音是有道理的，也是值得同情的。但是，我并不是依据大脚趾的尺寸来确定人类的尊严，也不会因为猿类的大脑中也有小海马就认为人类丧失了尊严。相反，我尽力去除这种虚荣心。我一直以来力求证明的是，在构造上，人类和动物之间的分界线并不比猿猴本身之间的分界线更明显。而且，我认为任何从心理方面来区分人类和兽类的企图都是徒劳的。甚至可以说，像情感、智慧等最高等级的能力在低等动物中已经开始有所显现。同时，我比任何人都更加相信，文明人和兽类之间存在着巨大的差异。而且，我更加坚信不疑的是，不管人类是否是从兽类进化而来的，人类肯定不属于兽类。没有任何人会轻视这个世界上唯一拥有理性和智慧的居民现在的尊严，更不会放弃对人类的未来的期望。

的确曾有一些关于这类问题的所谓权威人士告诉我，这两种不同的意见是不能协调的，人兽同源的概念之中其实包含着人类的野兽化和堕落倾向。但是，真是这样吗？难道聪明的孩子会被一些显而易见的观点和将这样的论调强加给我们的浅薄的辩论者干扰？难道那些诗人、哲学家或者艺术家（他们的才华使他们成为那个时代的光荣）会因为某些确实的历史可能性（更不去谈必然性）跌落下来，成为没有人性的赤裸的野蛮人的后代，他们的知识也就使他们比狐狸狡猾一点儿，比老虎凶恶一点儿？难道就因为他曾经是一个卵，不能用一般的方法把这个卵和一只狗的卵相互区别开来，所以他就要跳起来疯狂地叫喊，还趴在地上？难道那些博爱主义者或者圣人会因为在对人性的简单研究中发现人具有和野兽一样的私欲和残忍之念，就不再致力于过一种高尚的生活了吗？难道就因为母鸡对小鸡表现出母爱，所以人类的母爱就显得微不足道了，或者因为狗是忠诚的，所以人类的忠诚就显得毫无价值了？

民众以其基本常识就可以毫不犹豫地回答这样的问题。健全的人类会发现自己迫切想要从现实生活中的罪恶和堕落之中解脱出来，将思想上的污秽留给讽刺家和“刻意公正的人”——这些人憎恨一切事物，对于现实世界中的高尚品德毫不知晓，也不能领会人类所拥有的崇高地位。

不仅如此，任何一个善于思考的人，一旦从各种迷人眼目的传统偏见中解放出来，就会在人类的低等祖先中找到人类拥有伟大能力的绝好证据，而且从人类漫长的进化过程中，找到人类会有更壮丽未来的信心的合理依据。

人们应该记住，在将文明人和动物进行比较时，就好像阿尔卑斯山上的一个旅行家，满眼看到的都是高耸入云的山峦，却并不知道何处是那些暗黑色的岩石和蔷薇色山峰的尽头，天空中的云彩是从何处产生的。一位地质学家告诉他：这些壮丽的山峦，其实都是原始海洋底部的固结的黏土，或者是从地底大熔炉中喷出的冷却了的熔岩渣，它们和那些暗黑色的黏土其实是同一种物质，但是，地壳内部的力量使其上升到了那样壮丽的似乎高不可攀的高度。不过，如果这位惊讶的旅行家最初拒绝相信地质学家的这番解释，也是可以原谅的。

然而，地质学家是正确的。适当地考虑一下他的解释并不会有损我们的尊严和好奇心，反而可以在未受过教育的人的单纯的审美之外，增添崇高的知识力量。

在激情和偏见消失之后，关于生物界里的伟大的阿尔卑斯山和安第斯山脉——人类，我们能够从博物学家的指导中获得同样的结论。人类从不会因为在物质上和构造上与兽类一样而降低了身份。因为只有人类有能力创造那种能够被对方理解的合理的语言。就是凭借这样的语言，人类在生活之中逐渐累积经验，而其他动物在死亡时就失去了这些经验。所以，人类现在仿佛是站在山的顶端，远远高出了他的粗鄙的同伴，从粗野的天性中演进而来，在真理的无限源泉中释放出光芒。

第三章
关于几种人类化石的讨论

我曾力图在前文表明：人科在灵长类中组成了一个界线分明的类群。在现今世界中，人科与比人科低一级但紧密相邻的狭鼻猴之间，就像在狭鼻猴与阔鼻猴之间一样，完全不存在任何过渡类型或连接环节。

大家普遍接受这样一种理论：如果我们考虑到动植物演变时期的漫长和不同的继承次序，则只有通过研究比现存生物更为古老的化石生物，才能不断缩小现存生物各有机体间的结构差异。但是，这个理论的根据究竟有多可靠呢？另外，根据我们现有知识来看，是否夸大了事实和由此得出的结论？这些问题都很重要，但我现在不想加以讨论。已经灭绝的生物与现存的生物之间有联系的观点，使我们急于探寻最近发现的人类化石是否支持这种观点。

在讨论这个问题时，将只涉及那些来自比利时默兹河谷恩吉山洞和德国杜塞尔多夫附近的尼安德特山洞的不完整的人类头骨（图22）。查尔斯·莱伊尔爵士已经仔细研究过这两个山洞的地质情况。他的高度权威性使我对以下结论深信不疑：因为恩吉头骨与猛犸象和披毛犀的化石是一起被发现的，所以它们属于同一个时代。虽然不能确定尼安德特人的年代，但肯定很古老。不管后者头骨的地质年代如何，基于古生物学的普遍原理，我认为前者至少将我们带到了生物发展史上较早的时期。这个界线将现在的地质时代和它以前的地质时代分隔开来。毫无疑问，自从人骨和猛犸象、鬣狗、犀牛的骨头被杂乱地冲入恩吉山洞，欧洲的自然地理就已经发生了惊人的变化。

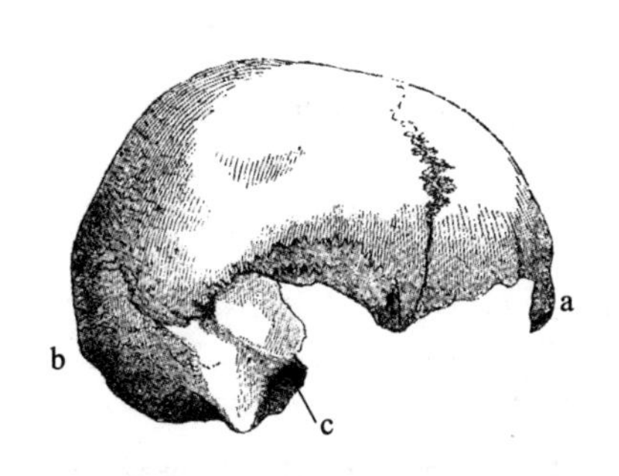

图 22　恩吉山洞的人类头骨（右侧视图，原图的一半大）
a. 眉间；b. 枕骨隆突（a 到 b，眉间枕骨线）；c. 外耳道

恩吉山洞里的头骨最开始是什莫林教授发现的，他把这个头骨和其他同时被挖掘出来的遗骸放在一起进行了描述。从他于 1833 年出版的著作《对列日省山洞中发现的骨头化石的研究》中，我引用了以下段落，并尽量保持了作者的原意：

> 首先，我必须说明，我所拥有的这些人类遗骸与我最近挖掘出来的几千枚骨头碎片一样，从骨头的分解程度来看，都与已经灭绝的物种相同。除了少数几枚外，这些骨头都已经破碎了。其中有一部分骨头被磨圆了，就像经常见到的其他物种的化石一样。这些骨头的断裂面是垂直的或倾斜的，没有受到过风化。它们的颜色与其他动物化石的颜色相同，都是从浅黄色到浅黑色。

除了那些表面有石灰质硬壳的骨头以及骨腔中也填满了这种石灰质的骨头外，所有的骨骼都比现代的轻。

我所画的颅骨是一个老年人的。它的骨缝正在消失。面部骨骼完全缺失，颞骨只有右侧的一块骨片。

头骨在被陈放在山洞中以前，面骨和颅骨的底部就已经分开了，因为尽管我们顺次搜查了整个洞穴，也没能找到这部分骨头。这个颅骨是在一米半深的地方挖掘到的，藏在一块骨化石角砾岩下，那块角砾岩是由小动物的遗骸以及一枚犀牛的门齿、几枚马和其他反刍动物的牙齿构成的。上文已经提到，这块角砾岩有一米（约 3.25 英尺）宽，从洞底向上有一米半高，非常坚固地附着在洞中的岩壁上。

这块包含着人类头骨的化石，没有展示出任何被打扰过的痕迹，在头骨的周围有犀牛、马、鬣狗和熊的牙齿。

著名的布鲁门巴哈曾将注意力聚焦于现存的不同种族的人类头骨的形状和尺寸。如果面骨这个能帮助我们精确地确定人种的部位没有缺失的话，这一重要的工作会给我们提供很大的帮助。

我们相信即使头骨是完整的，也不可能确切地说出它属于哪个人种，因为同一种族的不同人的颅骨之间也有着巨大的个体差异。我们还相信，根据一块颅骨的碎片推断其所属的整个头骨的形态，很可能出现错误。

尽管如此，这个头骨化石的任何特点都不可忽略，我们可以发现，长而窄的额骨一开始就吸引了我们的注意力。

事实上，稍微隆起的狭长的额骨和眼窝的形状更接近埃塞俄比亚人的头骨，而不是欧洲人的头骨。变长的头形和突出的枕部，也是我们可以在这个头骨化石上观察到的特点。为了消除对这个问题的怀疑，我描述了欧洲人和埃塞俄比亚人颅骨的轮廓，并使额骨突显出来，从中我们可以很容易地辨别出这些差别。这张图[1]比那冗长的描述更具有指导性。

不管我们会得出什么结论，关于这个头骨化石的主人的来源，我们都可以表达一种观点，而不会使自己陷于毫无结果的争论之中。每个人都可以选择他认为最可信的假设。对我来说，我认为这个头骨很可能属于一个智力有限的人，并且我们可以因此得出结论，它属于文明程度较低的人类。我们是通过比较头骨的额部和枕部的容积得出这个结论的。

另一个年轻人的头骨是在洞内地上的一枚象牙旁发现的。这个头骨在刚被发现时是完整的，但是在拿出来的过程中摔成了碎片。我至今也没能把它黏合在一起。但是我把上颌的骨头画了出来。他的牙齿和齿槽表明他的臼齿还没有从牙床中长出来。脱落的乳齿和一些人类头骨的碎片是在同一个地方发现的。图3是一个人的上门齿，它的尺寸的确很大。

图4是一片上颌骨的碎片，上面的臼齿已经磨损到牙根部。

我得到了两个脊椎骨，即第一胸椎和最后一个胸椎。

虽然左侧的锁骨属于一个年轻人，但这块骨头表明他体形巨大。

两块保存得不是很好的桡骨碎片，表明它属于一个身高不超

[1] 这里的图及后文的图3、图4、图7均为讲稿中的直接摘选，无图。——编者注

过 5.5 英尺的人。

至于上肢骨的遗骸，我只有一段尺骨和一段桡骨。

上文我曾说过的角砾岩中还发现了一块掌骨，它是在头骨上面的堆积物的下部被找到的。我们还在离这个掌骨很远的地方找到了一些掌骨、六个跖骨、三个指骨和一个趾骨。

这是在恩吉山洞中发现的人类骨骼的大概的数量。这些人类骨骼属于三个人。在这些人类骨骼的周围有大象、犀牛和未知的某种食肉动物的遗骸。

什莫林从位于默兹河右岸的恩吉山洞对面的恩吉霍尔山洞里获得了另外三个人的遗骸。其中，只有两块是顶骨的碎片，但是有很多肢骨。有一次，一片桡骨破片和一片尺骨碎片被钟乳石的石笋连接在了一起。这种情况在比利时的洞穴里的穴熊骨化石中很常见。

在恩吉山洞里，什莫林教授发现了被钟乳石包裹着的连接在一块石头上的尖状骨器。他在他著作的图 7 中描绘了这个骨器。他还在比利时的那些有大量骨化石的山洞中找到了经过打制的火石。

圣・希莱尔的一封短信（1838 年 7 月 2 日发表于《巴黎科学院周报》）谈到了他去列日参观（显然是一次非常仓促的访问）施密特（可能是对“什莫林”的误印）教授的收藏品。作者简要地批评了什莫林著作中的图画，并坚称“人类的头骨要比什莫林图中画得长一些”。其他值得引用的只有下面的这段：

现代人类的骨骼与我们所熟悉的、在同一地点采集的洞穴中的骨骼之间的差异是很小的。与现代人类头骨的变异相比，洞穴中的头骨几乎没有什么特别之处。因为更大的不同出现在具有明显特征的不同物种之间，而不是出现在列日的头骨化石和被选择用来做比较的不同种类的头骨化石之间。

我们可以发现，圣·希莱尔的观点表明了他对这些化石的发现者和描述者的哲学思想的一点点怀疑。至于对什莫林绘制的插图的批评，我发现什莫林绘制的侧视图确实比实物短了 0.3 英寸，正面视图也缩小了同样的比例。除此之外，什莫林绘制的这些插图没有什么不正确的，它和我这里的石膏模型完全符合。

列日市的卓越的解剖学家斯普林博士把什莫林未做描述的那块枕骨与其他头骨拼接了起来，并且在他的指导下，莱伊尔爵士制作了一个很好的石膏模型。我就是通过这个模型的复制品进行观察的。所附的图是我的朋友巴斯克先生根据复制品的照片描绘出来的，这幅图的尺寸只有原图一半大小。

正如什莫林教授所观察到的，头骨的底部损坏了，面骨完全没有了；但是头骨的顶部，包括额骨、顶骨和枕骨的大部分，直至枕骨大孔，都是完整或接近完整的。左颞骨缺失；右颞骨紧邻外耳门的部分、乳突和颞骨鳞部大部分都保存得很好（图 22）。

什莫林在他绘制的插图上忠实地展现出了头骨上的裂缝。在模型上很容易找到这些裂缝的痕迹。骨缝也可以辨认出来。然而，骨缝上复杂的锯齿虽然在图上表示出来了，但在模型上就不是很明显了。虽然和肌肉相连的嵴不是特别突出，但是也很好地标识出来了。加上发育良好的额窦和骨缝的特征，我完全可以认为：这个头骨即使不是一个中年人的，也是一个成年人的。

头骨的最大长度是 7.7 英寸，宽度不超过 5.4 英寸，相当于两侧顶结节之间的距离。所以，头骨的长度和宽度的比例大约是 100∶70。如果从眉部向鼻根部称为眉间（图 22a）的地方，到枕骨隆突（图 22b）间引一条直线，又从头骨拱形的顶点引一条线垂直于前面那条线，那么这条垂线的长度是 4.75 英寸。从头骨的上方看（图 23A），前额呈现为一条匀称圆滑的曲线，并且延伸为头骨两侧和后面的轮廓线，从而成为一个规则的椭圆形。

从前面看去（图 23B），头骨的顶部在横切面上呈现为一个规则的优美的弧形。顶结节下方的横径略短于顶结节上方的横径。前额与头骨的其他部分相比并不算狭窄，也不是一种后缩的前额；相反，头骨的前后轮廓形成一个很好的弧形，所以从鼻的凹陷处沿头骨前后轮廓线到枕骨隆突的距离约有 13.75 英寸。头骨的横弧通过矢状缝的中点，从一侧的外耳门到另一侧外耳门的长度约为 13 英寸。矢状缝本身的长度是 5.5 英寸。

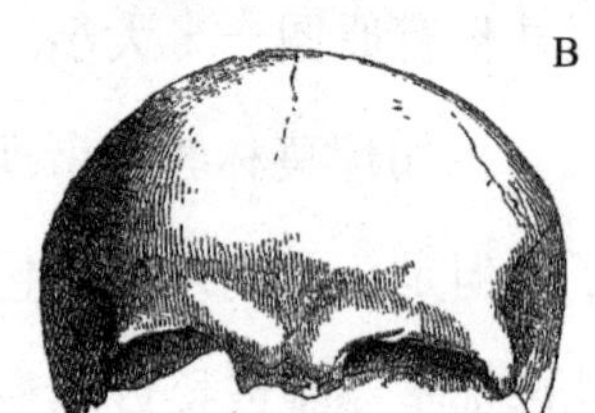

图 23　恩吉洞穴的头骨
A. 俯视图；B. 前视图

眉嵴（图 22a 的两侧）虽然发育良好，但并不是极度发达，并且被一个位于左右眉嵴中央的凹陷分隔。我想这是因为额窦部很大，所以眉嵴上的主要隆起变得如此倾斜。

如果把连接眉间和枕骨隆突（图 22a、22b）的一条直线放到水平位置上，那么这条直线后端突出的枕骨部位的长度最多不超过 0.1 英寸。外耳门的上缘（图 22c）几乎在头骨外侧表面与这条直线的平行线相接触。

连接两侧外耳门间的横线，与通常见到的情况一样，横切过枕骨大孔的前方。我们尚未测定这块头骨破片内部的容积。

关于尼安德特洞穴中发现的人类遗骸的历史，最好引用记述人沙夫豪森博士的原文（巴斯克将其翻译成英文）：

> 1857年初，在杜塞尔多夫和埃尔伯菲尔德间的霍赫达尔附近的尼安德特河谷的石灰岩洞穴里面，发现了一副人类的骨骼。但是，对于这个人类骨骼，我只从埃尔伯菲尔德那里得到了头骨的一个石膏模型。我根据从这个模型上观察到的头骨形态上的特点写了一篇论文。1857年2月4日，我在波恩的下莱茵地区医学与博物学会例会上首次宣读了这篇论文。富罗特博士把这些骨头（最初还不知道这是人的骨头）保存了下来，后来把标本从埃尔伯菲尔德带到了波恩，并委托我做更精确的解剖学研究。1857年6月2日，在波恩举行的普鲁士莱茵地区和威斯特伐利亚博物学会的会议上，富罗特博士对发现人骨的地点和现场情况做了全面的介绍。他认为这些骨头可能是“化石”。他在得出这个结论时，特别强调覆盖在骨头表面的树枝状堆积物。这还是迈耶教授最早注意到的。在这个报告里，我还附加了一个简报，报告了我对这些骨头的解剖学观察结果。我所得出的结论是：第一，这个头骨的特异形态，即使在最野蛮的人种中也是从未见过的。第二，这些奇异的人类遗骸是属于凯尔特人和日耳曼人以前的时代的，很可能是拉丁美洲作家们所称的欧洲西北部的一种野蛮人种，他们是在日耳曼人移民过去时遇到的当地居

民。第三，这些人类遗骸毫无疑问可以追溯到洪积期最后动物还生存着的时代。但是，发现这些骨头时的情况，不管对于这种假设本身，还是对这些人骨的“化石”性质的确定，都不能提供证据。

富罗特博士关于发掘情况的报告还没有发表，下列记述是我从他的一封信里抄录下来的：“这是一个小山洞或岩穴，高度刚能容纳一个人，从洞口往里深达15英尺，宽7~8英尺。山洞开在尼安德特峡谷的南壁上，离杜塞尔多夫约100英尺，高出河谷底部约60英尺。在以前没有受到破坏时，这个山洞口在洞穴前面的一块狭窄的高地上，山洞的岩壁几乎从这里下伸到河里。虽然也可以从上面进到洞里，但是有些困难。洞穴的高低不平的地面上，覆着一层4~5英尺厚的泥土堆，泥土里混杂着一些圆形的燧石碎块。把这些堆积物移去后，就发现了那些骨头。人的头骨是在洞穴中最靠近洞口的地方被发现的，再往里走一些，在同一水平面上发现了其他骨头。关于这些情况，我在现场询问了两个被雇用来进行清理挖掘的工人，得到了最肯定的实证。最初根本没有想到这是一些人的骨头。直到发现这些骨头几个星期之后，我才识别出它们是人的骨头，并把它们安全地存放起来。因为当时没有察觉到这一发现的重要性，所以工人在采集时很粗心，只收集了一些较大的骨头。因此，我收集到的一些碎块也许是原先完整的骨骼的一部分。”

我对这些骨头进行了解剖学观察，得到下面这些结果：

头颅异常巨大，形状呈长椭圆形。一个最引人注意的特点是额窦特别发达，从而使眉嵴非常突出。两侧的眉嵴在中间完全联结起来。在眉嵴的上方，更准确地说是在眉嵴的后方，额骨上有一个明显的凹陷，在鼻根部分也有一个深的凹陷。前额狭小而低平，但颅顶弧的中央和后面的部分发育得很好。遗憾的是，保存下来的那块头骨碎块只是眼眶和颅顶弧以上的一部分。颅顶弧十分发达，几乎联结在一起成为一个水平的隆起。头骨几乎包括全部额骨、左右顶骨、颞鳞的一小部分和枕骨上方的$\frac{1}{3}$。头骨的断口还是新的，表明是在发掘的时候被弄断的。头骨的颅腔可以容纳 16 876 格令[1] 的水，所以它的容积估计有 57.64 立方英寸或 1 033.24 毫升。在进行测定时，可把水放到颅腔内，使水与额骨的眶板、顶骨鳞缘最深的缺口和枕骨的颅顶弧在同一水平面上。根据颅腔内能盛放的干燥的小米的量，测定颅腔的容量为普鲁士药局衡制的 31 盎司。指示颞肌附着点上部界线的半圆形线虽然不十分明显，但是达到顶骨高度的一半以上。右侧眉嵴的上面有一条斜的凹沟，我猜测是这个人生前所受的伤留下的痕迹。冠状缝和矢状缝完全是分离开的。颗粒状的小凹陷较深，数量很多。冠状缝的正后方有一条很深的脉管沟，沟的末端成为一个孔，显然这是外出静脉通过的孔。额缝的路线通过外面的一条低的嵴显示出来。这条嵴和冠状缝相连接的地方突出成一个小隆起。矢状缝经过的地方成沟状，枕骨角上方的顶骨是凹下去的。

[1]　1 格令 =0.064 克。——编者注

测量数据

内容	毫米	英寸
从额骨的鼻尖突起处到枕骨的上项线的距离	303（300）	12.0
眉嵴和枕骨上项线的周长	590（500）	23.37 或 23.0
从一侧的颞线的中央到另一侧同一点之间的距离	104（114）	4.1~4.5
从鼻突起到冠状缝之间的距离	133（125）	5.25~5.0
额窦的最大宽度	25（23）	1.0~0.9
两侧顶骨鳞缘上最深的凹陷处之间的连接线上方的垂直高度	70	2.75
一侧顶结节到另一侧顶结节之间的头骨后部的宽度	138（150）	5.4~5.9
枕骨上角到上项线的距离	51（60）	1.9~2.4
顶结节处的头骨厚度		8
枕骨角部的头骨厚度		9
枕骨上项线处的头骨厚度	10	0.3

除了头骨以外，还得到以下这些骨头：

（1）两根完整的大腿骨（股骨）。这两根大腿骨的特点与头骨及其他许多骨头一样，供肌肉附着的隆起和凹窝都很发达。在波恩市解剖学博物馆里保存着一些被称为"巨人骨"的现代人的大腿骨。把它们与大腿骨化石做比较，可以看出虽然大腿骨化石的长度较短，但在粗壮程度上较为接近。

比较数据

内容	巨人大腿骨		化石大腿骨	
	毫米	英寸	毫米	英寸
长度	542	21.4	438	17.4
股骨头直径	54	2.14	53	2.0
从内脚踝到外脚踝，下端关节部的直径	89	3.5	87	3.4
大腿骨中部直径	33	1.2	30	1.1

（2）一个完整的右上臂骨（肱骨），从大小来看，与大腿骨属于同一个身体。

测量数据

内容	毫米	英寸
肱骨长度	312	12.3
肱骨中部直径	26	1.0
肱骨头部直径	49	1.9

此外，还有一个与这块上臂骨大小相当的完整的右桡骨和与上臂骨及桡骨同属一个身体的一个右尺骨。

（3）一个左上臂骨，上方缺失了$\frac{1}{3}$，比右上臂骨细得多，显然属于另一个身体。一个左尺骨，虽然保存完整，但是呈病态的畸形，冠突因为骨质增生而变得很大，肘部看起来不能做大于直角的弯曲。容纳冠突的上臂骨前窝也被增生的骨瘤填充。同时，鹰嘴向下方弯曲得很严重。骨头上看不出有因佝偻病而萎缩的迹象，也许在活着时受到的损伤是使关节僵硬的原因。如果把左尺骨和右桡骨进行比较，那么尺骨比相应关节的桡骨短 0.5 英寸多。第一眼看上去好像这块尺骨属于另一个身体。左上臂骨变细和尺骨缩短是前面讲到的病变的结果。

（4）一块近乎完整的左髂骨，与大腿骨属于同一个身体。此外，还有一块右肩胛骨的碎片、一条右肋骨的前部、一条左肋骨的前部、一条右肋骨的后部，最后还有两条肋骨的后部及一条肋骨的中部。通过这些肋骨异乎寻常的圆形和大的弯度，可以判断它们更类似于某种食肉动物的肋骨，而不是人的肋骨。迈耶博士不敢断定这些骨头属于哪一种动物。我也遵从他的判断。这种异常状态只能假定为是由胸肌异常发达引起的。

虽然通过盐酸处理的方法已经证明了大部分软骨都保存在骨头里，但根据冯·比布拉对一些骨头的观察，可以知道这部分看来已经变成胶质。在所有骨头的表面，都覆盖着一些微小的黑色斑点；在放大镜下观察时，可以看到这些斑点是由极细小的树枝状体构成的。迈耶博士最初在骨头上发现的堆积物，在头盖骨的内面最明显。这种物质的成分中含有铁质的混合物，从颜色（黑色）可以推知其中含有锰的成分。在片状构造的岩石上，经常在微细裂缝里出现树枝状结晶体。1857 年 4 月 1 日，迈耶博士在波恩举行的下莱茵协会的会议上声称，他曾经在波佩尔斯多夫博物馆里保存了几种动物的骨化石，特别是在洞熊的骨化石上见到过同样的树枝状结晶体。在从博尔夫和桑德维希的洞穴中出土的马和猛犸象等的骨化石和牙齿上，这种结晶体更多且更美丽。在从济克堡发掘的罗马人的头骨上也发现有同样的树枝状结晶的微细的痕迹。但是，在埋藏于地下几个世纪之久的其他古代头骨上，则看不到这种痕迹。我在此引用迈耶关于这个问题的叙述：

“以前认为真正可以作为化石状态的标志的树枝状堆积物，在最初形成时的情况是很有趣的。洪积物中出现的树枝状结晶，曾被认为可以据此区别真正的洪积物和后期混入的骨头。这是因为只有洪积物才会具有这种树枝状的物质。但是，我早就确信不能因为缺乏树枝状结晶就表示那是近代的东西，而有树枝状结晶的物品就是很古老的。我曾在存放不到一年的纸片上见到难以与骨化石上的树枝状结晶区别的树枝状堆积物。我还从邻近的罗马人的移居地赫德谢姆得到一个狗的头骨。这个头骨无论从哪一点来看，都难以与从法国洞穴里采集到的骨头进行区分。它和一般的骨化石有相同的颜色，并且舌头的黏性也相同。虽然之前在波恩举行的德国博物学会的会议上，这种特征引起了巴克兰和什莫林两人之间的一场有趣的舌战，但是现在已经毫无价值了。所以，单单依据骨头的保存状态还不足以确定它是否是化石。换句话说，它并不能用来确定骨头的年代。”

我们不能把原始世界看作是由与现在完全不同的事物组成的，且它们与现在的生物界之间没有任何过渡类型。因此我们现在对化石的定义，在应用到这块骨头上时，已经与居维叶时代所表达的意思不同了。有充分的根据可以说明人类和洪积期的动物共同生存过，而许多未开化的人种，在史前阶段就已经和许多古代动物一起绝种了，只有一些在身体构造上进化了的人种延续下来。这篇论文里所论述的骨头呈现出的特征表明，它们的地质时代虽然还不能确定，但它们显然是极古时代的物质。还有一点要注意的是，虽然通常是在洞穴的泥土洪积层中发现洪积期的动物骨头的，但是至今还没有在尼安德特洞穴中发现过这些文物。这些骨头上面覆盖着四五英尺厚的泥土堆积物，但是没有被石笋掩盖，并且骨头还保存着大部分的有机物质。

这些情况也许可以否定尼安德特骨化石地质上的古老性。我们也不能认为这个头骨的形态代表人类最野蛮的原始类型。因为在现在还存活着的人种中，也有一些头骨在额部并没有呈现出如此突出的形态，从而使头骨表现出与大型猿类近似的形态，但在其他一些方面，如颞窝深凹、颞线显著地突出成嵴状，以及窄小的颅腔，这些都表示头骨属于低级的发展阶段。没有理由认为额部的深凹是人为变扁平的，就像旧大陆和新大陆总有一些民族用各种方法使额部变得扁平一样。头骨的左右两侧完全对称，枕部看不到有任何与之相对应的抗压痕迹。据莫顿称，哥伦比亚的“扁头人”的额骨和顶骨总是不对称的。这种头骨额部低度发育的形态，经常可以在极古时代的头骨上见到。额骨的这种形态为人类头骨受文化和文明影响这一事实提供了一个最好的证据。

下节引用的是沙夫豪森博士的论点：

没有任何理由把尼安德特人头骨额窦部分异常的发育状态看作个体或病理上的变形。这是一种典型的人种特征，并且在生理上是与骨骼的其他部分异于常态的厚度相联系的，其厚度超过普通骨头约一半。额窦是气道的附属部分。这种扩大的额窦也表明躯体在运动时具有异常的力量和耐久力，就像骨骼上一些供肌肉附着的嵴和突的大小所表现出来的一样。从庞大的额窦和明显低平的额骨得出的结论，也可以通过很多其他方面的观察得到证实。依照帕拉斯的研究，可以根据同样特征区别野马和家养的马；居维叶认为可以用同样的方式把化石洞熊与所有各种现代的熊区分开来；鲁林的报道称，美洲的家猪如果再野化，就会重新获得与野猪相似的特征。同样，可以用这种方式区别高山羚羊和山羊。最后，斗犬也可根据它的大骨头和十分发达的肌肉与其他种类的狗相区别。根据欧文教授的观点，因为有很突出的眉嵴，所以很难对大型猿类的面角进行测定。因为外耳门和鼻前棘都缺失，所以尼安德特人的头骨就更难以测定。然而，如果根据眶板的残留部分把头骨安放在适当的水平位置，在眉嵴的后方向上引一条直线与额骨的表面相切，就可以发现面角的大小不超过56°。遗憾的是，在表示头部形态上起决定作用的面骨完全没有被保存下来。与身体结构异常强壮的情形相比，颅腔的发达程度似乎较低。头骨残存的部分可以盛31盎司小米。如果把缺失的部分也算进去，那么还要增加6盎司，所以完整的头骨或许可以容纳37盎司的小米粒。蒂德曼测定的黑人的脑容量是40盎司、38盎司、35盎司。头颅可以容纳36盎司以上的水，即相当于1 033.24毫升；胡希凯计算的一个黑人女人的脑量是1 127毫升；一个老年黑人的脑容量是1 146毫升。马来亚人头骨的容量，用水去测量是36.33盎司。矮小的印度人可以少到只有27盎司。

沙夫豪森教授在把尼安德特头骨和其他古代和现代的头骨进行比较后，得到以下结论：

总之，尼安德特发现的人类骨骼和头骨在形态的特异性上超过一切人种，从而可以得出它们是一种未开化的野蛮人种的结论。尽管在发现他们的骨骼的洞穴中并未找到任何人工制品的遗迹，也不知道这个洞穴是否是他们的墓穴，或者是像在其他地方发现的已经灭绝的动物的骨头一样，是被水流冲进洞里去的。虽然这些问题都还没能得到解决，但是这些骸骨仍然可以被认为是欧洲早期居民的最古老的遗物。

沙夫豪森博士论文的翻译者巴斯克先生把尼安德特人的头骨和一个黑猩猩的头骨按同一比例大小绘成插图，使我们能够对尼安德特人头骨的原始特点有一个十分直观的概念。

沙夫豪森教授论文的译本发表后不久，因为我想要赠送莱伊尔爵士一个图解，以便在与普通的头骨进行对比时显示出这个头骨的特点，所以我对尼安德特头骨的模型比先前更专心地做了研究。要达到上述目的，我必须从解剖学上对头骨的一些要点做精确的鉴定。在这些特征中，眉间的特征格外明显。但是，当我识别出位于枕外隆突和上项线间的另一特征时，我把尼安德特人头骨与恩吉头骨进行了对照。两个头骨的眉间和枕外隆突被同一条直线交切，两者的差异很明显，尼安德特头骨的扁平度非常突出，最初甚至使我怀疑里面一定有什么谬误（比较图 22 和图 24A）。我越发感到怀疑，因为在普通人的头骨上，枕骨外面的枕外隆突和上项线与枕骨内侧的横沟和小脑幕附着线是完全对应的。但是像我在前一篇文章里提到的，脑的后叶的位置正好在小脑幕之上，所以枕骨外隆突和我们所说的上项线几乎与脑的后叶下缘一致。一个人可能具有如此扁平的脑子吗？难道是头骨肌嵴的位置

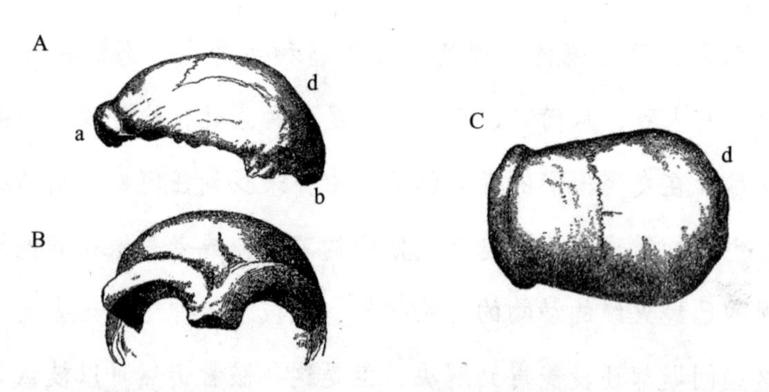

图 24　尼安德特人的头骨（由巴斯克先生按照模型和富罗特博士的照片描绘而成）
A. 侧视图；B. 前视图；C. 顶视图；a. 眉间；b. 枕外隆突；d. 人字缝

有了变化？为了解决这些疑问，同时解决巨大的眉嵴是否是额窦发达而引起的问题，我请求莱伊尔爵士找头骨的保管人富罗特博士为我解答某些疑问，并且如果可能的话，请他帮我弄来一个头骨内腔的模型，或至少一张图片或照片。

我非常感谢富罗特博士对我的询问及时做了答复。他还送给我三张精致的照片。其中一张是头骨的侧面，据此照片，我将其描绘成本书的图 24A。第二张（图 25A）是头骨额部的下表面，显示出额窦的宽广开口。富罗特写道："一根探针可以插入口内达 1 英寸之深。"这表明，粗厚的眉嵴在脑腔之外扩展到很大的程度。第三张（图 25B）是头骨后部（或枕部）的边缘和内侧。可以非常清楚地看到横窦由两侧向颅顶中线延展与纵窦相会的两个凹陷。所以，显然我的解释并没有错，尼安德特人的脑后叶的确像我所推想的那样扁平。

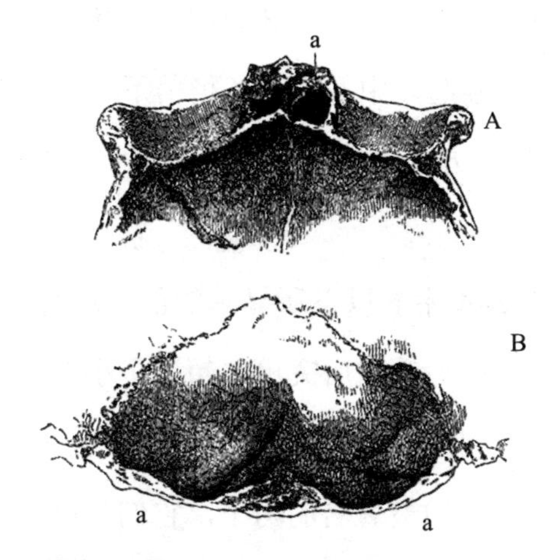

图 25　尼安德特人颅骨的内侧（按照富罗特博士提供的照片描绘）
A. 额部下内侧，表示额窦向下的开口（a）；
B. 枕部下内侧，表示横窦的两个凹陷（aa）

实际上，尼安德特人的头骨最长能够达到 8 英寸，而它的宽度只有 5.75 英寸，换句话说，它的长度和宽度的比例是 100∶72。它非常扁，从眉间枕骨线到颅顶的高度只有约 3.4 英寸。用与测量吉恩头骨相同的方法所测得的纵向弧度为 12 英寸。因为颞骨缺失，所以不能精确地测定横向弧度，但其长度一定超过 10.25 英寸，大概与纵弧的长度差不多。头骨的水平周长为 23 英寸。这个巨大的周长在很大程度上是由于眉嵴很发达，尽管脑壳的周长并不小。巨大的眉嵴使前额显得比从颅腔内部看到的轮廓更向后倾斜。

从解剖学的视角来说，头骨后部的特征比前部更显著。当眉间枕骨线在水平位置时，枕外隆突占据了头骨的最后部，距离其他部分很远。头骨的枕部向前上方倾斜，从而使人字缝位于颅顶的上面。与此同时，尽管头骨很长，但是矢状缝很短（4.5 英寸），并且鳞状缝很直。

在回答我的问题时，富罗特博士写道，枕骨“直到上项线以上的部分都完好地保存着。上项线是一条很强壮的嵴，两端呈线形，中间部分增大，形成两条隆起，中间由一条稍稍下弯的线连接起来”。

“在左侧凸起的下方，这块骨头上出现了一个 6 拉因 [1] 长、12 拉因宽的倾斜面。”

这个面就是图 24A 中 b 以下所显示的面。还有一点特别有意思，虽然枕骨扁平，但是脑后叶向后突出，超过了小脑，而这是尼安德特人的头骨和一些澳大利亚人的头骨的几个相似点之一。

以上就是人类头骨中最著名的两个，它们可以被认为已经成了化石状态。这两个头骨能在一定程度上填补或者缩小人类与类人猿在结构上的差距吗？能否表明这两个头骨与现代人类的典型头骨有着某些

[1] 法国度量单位，1 拉因 =2.25 毫米。——编者注

密切的联系呢？

如果没有关于人体结构变异范围的初步知识，就不可能形成关于这些问题的任何观点。但是，关于这方面的知识的研究还很不全面。即使对于已知的这一部分，我也只能做一个简单的介绍。

解剖学家完全知道不同个体的器官在构造上多多少少都有一些变异。骨骼在比例上，甚至某些骨骼在连接上都有一些变异，使骨骼运动的肌肉在附着点上有很大的变异。因为动脉分布情况的变异对外科医生而言是有重要意义的知识，所以曾经被仔细分类。脑的特征变化很大。大脑半球的形状、尺寸和表面沟回的数量等变化比其他部位的变化更大，但是，人类大脑中最容易发生变化的是侧脑室的后角、小海马和大脑后叶突出于小脑的程度。用这些来作为区分人类的特征，是非常不明智的。最后，众所周知，人类的毛发和皮肤在颜色和质地上呈现出很大的变化。

就我们目前所拥有的知识而言，上述构造上的差异主要体现在个体上。在白色人种中偶然会见到和类人猿相似的肌肉排列顺序，但在黑人和澳大利亚人种中并不常见，所以，不能因为所发现的霍屯督的美女的脑比普通的欧洲人更光滑，左右两侧的沟回更对称，并且更类似于类人猿的大脑，就认为此类人种的脑构造普遍都是这样的，尽管结论很有可能就是这样的。

遗憾的是，我们缺乏除欧洲人以外的其他人种的柔软器官的配置方面的资料。即使是骨骼，我们的博物馆中除了头骨以外，其他部位的骨头都缺乏。这里的头骨足够多。从布鲁门巴哈和坎佩尔最先留意到头骨上所呈现出的显著特征以来，头骨的收集和测量成为博物学热衷于研究的一个分支学科。很多学者对所获得的结果进行了整理和分类。在他们当中，首先要说的是已故的、活跃而有能力的雷吉斯。

人类的头骨在个体间的差异，不仅仅在于脑壳的绝对尺寸和绝对容量，脑壳长度的比例，面骨（特别是颌骨和牙齿）和头骨的相对尺寸，上颌骨（当然也包括下颌骨）在脑壳前下部向后、向下或者向前、向上伸展的程度都是有差异的。头骨的差异还表现在头骨横径和颧骨间面部横径的关系上；表现在头骨的形状有的圆一些，有的尖一些上；表现在头骨后部的扁平程度或者其向后超出颈部肌肉附着的骨嵴的程度上。

一些头骨的脑壳可以被说成是“圆形的”，其最大长度和最大宽度的比例不小于100∶80，或相差更小。拥有这种头骨的人被雷吉斯称为“短头型人”。卡尔梅克人的头骨就是一个非常好的例子。冯·贝尔的著作《头骨精选》一书中收录了卡尔梅克人头骨的侧视图和前视图（图26就是那张图的缩小版）。其他的头骨，例如巴克斯先生的《典型颅骨》中所收录的黑人的头骨（图27），与上述头骨有很明显的不同之处。这种头骨形状很长，最大长度与最大宽度的比例为100∶67，或者更小。具有这种头骨的人被雷吉斯称为“长头型人”。

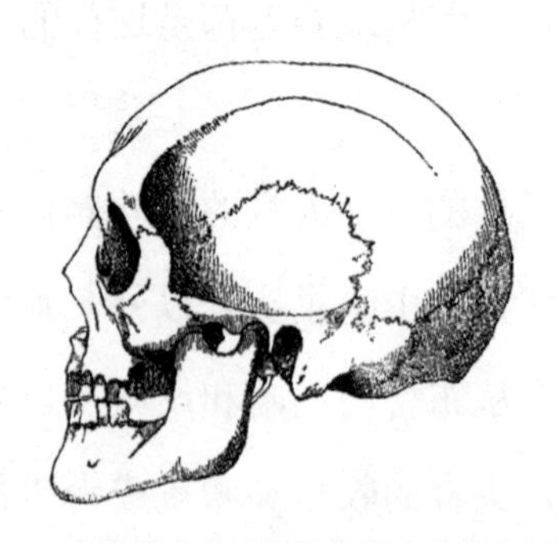
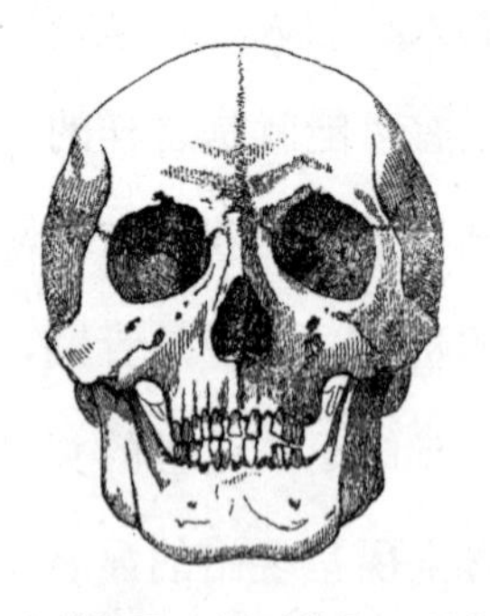

图26　卡尔梅克人的圆头直颌头骨的左侧视图（左）和前视图（右）（依冯·贝尔）

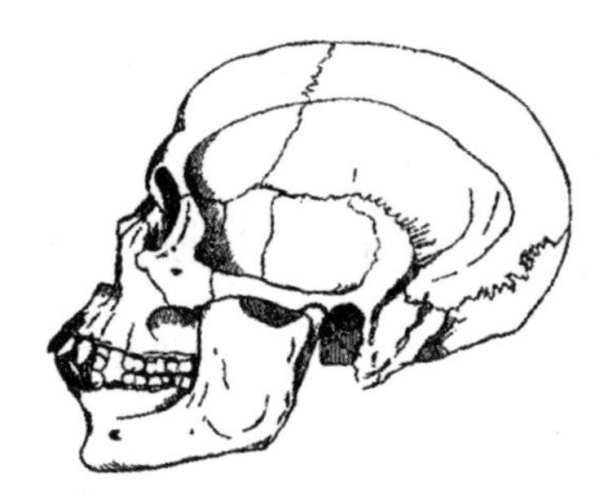

图 27　黑人的长头突颌头骨的左侧视图（左）和前视图（右）

粗略地看一下这两个头盖骨的侧面，就可以证明它们在其他方面的差异也很明显。卡尔梅克人头骨面部的轮廓几乎是垂直的，即面骨在头骨前部下面垂向下方。而黑人的面部轮廓呈现出一种奇特的倾斜角度，即颌骨前部向前突出超过头骨的前部。前一种头骨被称为直颌，后一种头骨被称为突颌。“突颌”这一术语等同于撒克逊语的“突吻”，虽然不是很文雅，但是很符合原义。

可以用很多方法精确地表示出头骨突颌化或者直颌化的程度。很多方法只是把皮特・坎佩尔所创造的面角测定法修改了一下。

但是稍微思考一下，就会明白现有的所有面角测定法都只能粗略地表示出突颌和直颌构造的变化。这是因为从头骨上的点引申出来的形成面角的线，会根据头骨上的各个点的种种情况而发生变化。所以，这些面角是在很多复杂情况下形成的，不能表达出头骨各个部分之间的有机联系。

我相信，如果不能在任何情况下都可以作为测量基准的基线，那么不同头骨之间的测量对比就没有什么价值了。应该选择什么线作为基线，我觉得并不难。头骨的每个部分都像动物体的其他部分一样是按照次序发展的。头骨基底在侧壁和壁顶形成之前形成。它比壁顶和侧壁更早转化为软骨，并且转化得更完全。软骨基底部的骨硬化并形成一整块骨片也比顶壁早。所以，头骨基底相对来说是比较固定的部分，顶壁和侧壁相对来说是可动的部分。

从动物到人的头骨的变化的研究也证明了这一道理。

例如，河狸这种哺乳动物通过其头骨（图 28）的基枕骨、基蝶骨和前蝶骨引出一条直线（ab），这条线比容纳大脑半球的脑腔的长度（gh）长出许多。枕骨大孔的平面（bc）和这条颅底轴形成一个锐角，而小脑幕平面（iT）和颅底轴形成 90° 以上的角。嗅觉神经通过头骨筛板平面的情形（da）也是如此。在筛骨和犁骨之间引一条通过面轴的线，即面底轴线（fe）。这条线如果延长，则可以和颅底轴线（ab）相交，形成一个很大的钝角。

我们把 ab 线与 bc 线之间的角称为枕角，把 ab 线与 ad 线之间的角称为嗅角，iT 线和 ab 线之间的角称为幕角。在哺乳动物中，这几个角几乎都是直角，变化范围是 80°~110°。efb 角，即颅底轴和面轴之间的夹角，可以称为颅面角。这是一个很钝的角，河狸头骨上的这个角至少有 150°。

如果考察一下从啮齿动物到人类之间的几种动物的头骨的纵剖面（图 28），就可以发现，头骨越高，颅底轴与大脑长度的相对长度就越短，嗅角与枕角就越钝，颅面角因为面轴向下倾斜而变得更锐。同时，头骨的顶壁会变得更为隆起，使大脑半球能够加高并且向后部扩张而超过小脑。大脑向后扩张的现象，在南美洲的猴子中达到了最大程度。头骨顶壁隆起使大脑半球得以增高是人类显著的特征。在人类的头骨中，大脑的长度是颅底轴的二至三倍。嗅平面在这个轴的下面形成 20° 或者 30° 的角，枕角不是小于 90°，而是大到 150° 或者 160°。颅面角呈 90° 或者稍小。头骨的垂直高度和长度之比可能更大。

通过观察图片可以知道，从低等哺乳动物到高等哺乳动物，颅底轴是一条相对固定的线。在这条线之上，颅腔的侧壁、顶壁和面骨，可以随着各骨的位置向下、向前、向后转动，但是，任何一块骨头或平面的弧线，并不总是与其他骨头或平面的弧线成正比。

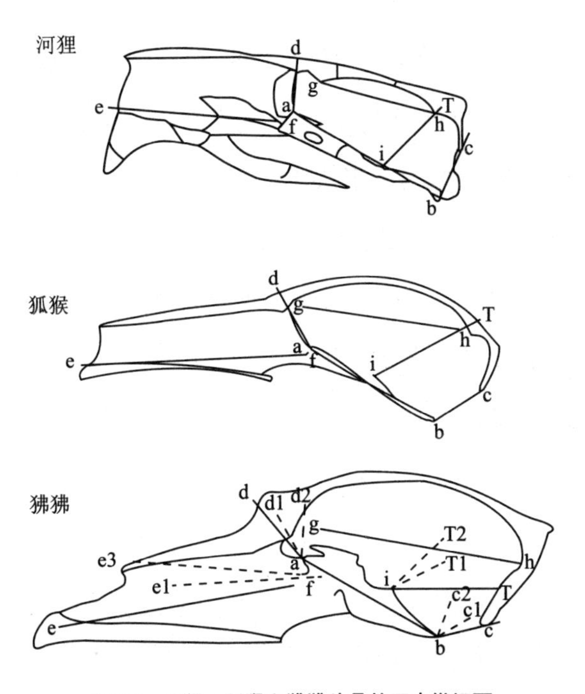

图 28　河狸、狐猴和狒狒头骨的正中纵切面

ab. 颅底轴；bc. 枕骨大孔平面；iT. 幕平面；da. 嗅平面；fe. 面底轴；cba. 枕角；Tia. 幕角；dab. 嗅角；cfb. 颅面角；gh. 容纳大脑半球的颅腔的最大长度或大脑长。以颅底轴的长度为 100，在三个头骨中，大脑的长度分别是：河狸 70、狐猴 119、狒狒 144。雄性成年大猩猩的脑长度与颅底轴长度的比例是 170：100，黑人（图 29）是 236：100，君士坦丁堡人（图 29）是 266：100。这样，最高等猿类的头骨和人类的头骨的差异被这些数字非常明显地表现了出来。狒狒头骨图中的虚线 d1d2 等分别是狐猴和河狸头骨图中的 d 以颅底轴为基准的投影。这几个头骨图上的颅底轴（ab）长度相等

这样就引出了一个重要问题：我们是否能从人类头盖骨中发现类似于哺乳动物的头骨侧壁和顶壁那样依附于颅底轴的回转？在哺乳动物中，这种回转是比较明显的。很多观察使我相信我们对于这一问题的回答是肯定的。

图 29 是一张缩小的精心绘制的两个圆头直颌头骨与两个长头突颌头骨的正中纵切面图。这两张图以颅底轴的前端方向作为基准，即作为固定的基线，把两种不同类型的头骨的正中纵切面投影于一处，不重叠的线显示出两个头骨的差异。

粗线条的是澳大利亚人和黑人的头骨。细线条的一个是皇家外科学院博物馆保存的鞑靼人的头骨；另一个是从君士坦丁堡的一个坟冢里发掘的发育较好的圆形头骨，但无法辨别它属于哪个人种。

从图上可以发现，突颌头骨与直颌头骨之间的差异，大致类似于比低等的哺乳动物和人类在头骨上的差别，虽然差异的程度要远小于后者。此外，枕骨大孔平面和颅底轴所形成的角，要比直颌头骨所形成的角稍小；筛骨的筛板也存在类似的状况，虽然不像枕骨大孔平面那样明显。令人吃惊的是，相对于直颌头骨，突颌头骨更不像猿，其大脑腔的前部更大程度地超过了颅底轴的前部。

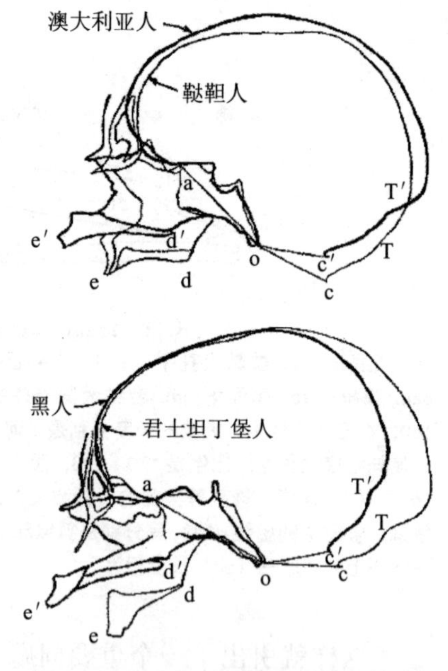

图 29　直颅头骨（细线）和突颌头骨（粗线）切面图

ab. 颅底轴；bc，b′c′. 枕骨大孔平面；dd′. 腭骨后端；ee′. 上颌前端；TT′. 幕的附着线

可以发现，这些图显示，脑腔各个部分的容积及其与颅底轴的比例在各种头骨中变化很大。大脑腔覆盖小脑腔的程度也明显不同。一个圆形头骨（图 29，君士坦丁堡人）与一个长形头骨（图 29，黑

人）相比，脑颅向后突出得更为明显。

如果种族头骨学（专门提供人类不同种族的头骨解剖学特征的学科）的研究想获得可靠的依据，就必须做好以下工作：对人的头骨按照上述方式进行大量研究（如果在民族学标本收藏中有一个头骨没有纵切剖面，会被认为是一件丢脸的事）；按照上述角度与测量项目（包括我在这里不能提到的）测定人类不同种族的头骨，并且全都以颅底轴为基准进行精确的计算。

到目前为止，我认为可以对这个问题进行简略的总结了。在非洲西部的黄金海岸和鞑靼草原之间画一条线：这条线的西南部居住着头部极度长、突颌、卷发、黑皮肤的人，即真正的黑人；东北部居住着头极度短、直颌、直发、黄皮肤的人，即鞑靼人和卡尔梅克人。这条假想线的两端就是民族学上的对跖点。在这条线上画一条垂直的或者近似于垂直的线，经过欧洲和南亚到达印度，可以得到一条近似于赤道的线。围绕着这条线，居住着一些圆头、椭圆头和长圆头，突颌和直颌，浅肤色和深肤色的种族。这些种族既不具有卡尔梅克人的特征，也不具有黑人那样的特征。

值得注意的是，上文所提到的对跖点在气候上也是两种极端，形成鲜明的对比。一个是非洲西海岸湿润、闷热、热气腾腾的沿海冲积平原；另一个是中亚干旱、海拔高的草原和高原，冬天非常冷，在地球上离海洋最远。

以中亚为中心，向东至太平洋各群岛和次大陆，向西至美洲，短头和直颌的类型逐渐减少，为长头和突颌的类型取代。但是，美洲大陆与太平洋地区相比不是特别明显，美洲大陆主要是圆形头骨，但也不全是。最后，在太平洋地区的澳大利亚大陆和附近岛屿上发现了椭圆形头、突颌、深色皮肤的人种。这种人在很多方面都与黑人不同，民族学者称其为“小黑人”。

澳大利亚人头骨最显著的特点是有狭窄的厚骨壁，特别是眉嵴部分非常厚，这个特征很常见——虽然不是固定不变的，额窦却发育得不是很完全。鼻根向下凹陷得厉害，使额部明显突出，显现出一种阴险恐怖的面部。头骨的枕区通常稍向外突出，所以不仅不会超过沿眉间枕骨线后端点所作的垂线，有时甚至在这条垂直线的前方突然凹陷下去。这种情况使枕外隆突的上方和下方相互形成一个更为尖锐的锐角，所以颅底后面的斜面如同被刀削过一样。很多澳大利亚人头骨的高度虽然达到了其他人种头骨高度的平均值，但有一些人的颅顶明显低平。这种低平的头骨因为长径加大，所以脑腔的容积不一定减少。我在南澳大利亚的阿德莱德港附近见到过的头骨大多数具有这种特征。当地人用这种头骨作盛水工具。为了盛水，他们将面部敲掉，用一根绳子穿过颅底的小孔和枕大孔，把整个头骨悬挂起来。

图 30 是来自西港的带有下颌骨的头骨和尼安德特人的头骨。把澳大利亚人的脑盖变平并拉长一些，眉嵴相应增高一些，它就与尼安德特人的头骨化石相一致了。

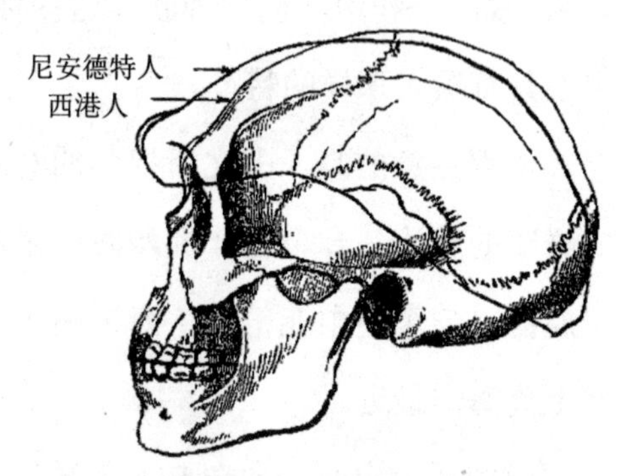

图 30　西港的澳大利亚人头骨（保存在皇家外科学博物馆中）与尼安德特人的头骨的轮廓重叠图

让我们回到头骨化石方面，看一看它是否处于现代头骨类型的变异范围中。首先，必须指出，就像什莫林教授介绍恩吉头骨时观察到的那样，恩吉头骨和尼安德特头骨都缺少额骨，所以不能判定他们的颌骨是否比现代人的颌骨更为突出。如上所述，人类的头骨接近野蛮型的程度，在颌部比在其他部位体现得更为明显。例如，长头型的欧洲人与黑人相比，颅骨的差异远小于颌骨的差异。所以，在人类化石缺少颌骨时，应有所保留地接受对头骨化石与现代人种关系的各种判断。

假设恩吉头骨属于现代人类，我承认我找不到什么特征可以把它归入现代的一个种族。它的轮廓和各种测量数据都与我过去考察过的澳大利亚人的头骨相似，特别是枕骨趋于扁平这一特征，与我以前讲述的一些澳大利亚人的头骨类似。但是，不是所有澳大利亚人的头骨都呈现出这种扁平的趋势，并且恩吉头骨的眉嵴与一般的澳大利亚人的眉嵴也完全不同。

另一方面，恩吉头骨的测量数据与一些欧洲人头骨的测量数据十分相似。在这个头骨的所有结构中，确实没有原始的痕迹。总而言之，它是一个非常一般的头骨，可能是一个哲学家的头骨，也可能是一个愚钝的野蛮人的头骨。

但是，尼安德特人的头骨则与此大不相同，不管从哪个角度去考虑，从它的头盖的低平程度、宽厚的眉嵴、倾斜的枕部，还是从长直的鳞缝来看，都具有猿类的特征，这是所发现的人类头骨中最类似于猿类的。但沙夫豪森教授认为，这个头骨可以容纳 1 033.24 毫升或者 63 立方英寸的水，如果头骨完整，还可以增加 12 立方英寸，共计 75 立方英寸，这个容积与莫顿测量的波利尼西亚人和霍屯督人头骨的平均容积类似。

通过脑容量的大小，就能够证明尼安德特人头骨和猿类的头骨趋近，但是没有深入结构内部。沙夫豪森教授对骨骼大小的测量得出的结论是：测量表明尼安德特人的身高和肢体的比例与中等身材的欧洲人类似。尼安德特人的骨头确实更粗壮，这正是沙夫豪森教授所预料的——发达的骨嵴都出现在野蛮人身上。因为居住地的气候条件与尼安德特人的气候条件差别不大，所以缺乏住所和御寒设备的巴塔哥尼亚印第安人也是四肢很粗壮。

所以，把尼安德特人的骨头看成介于人类与猿类之间的人骨是没有任何道理的。这些骨骼充其量只能证明当时存在一个头骨有点倒退到猿类的形态的人种，就像在信鸽、突胸鸽、旋转鸽等种类中，常出现其祖先原始鸽那样的羽毛。尼安德特人的头骨虽然是已知的最类似于猿类头骨的人类头骨，但它并不像最初看起来的那样孤立。实际上，它是逐渐进化到最高等最发达的人类头骨的。一方面，尼安德特人的头骨趋近于澳大利亚人扁平的头骨。另一方面，这种头骨更接近丹麦某种古代人的头骨——这种古代人生活在石器时代，也可能与丹麦贝冢的建造者处于同一时期或比其稍晚。

巴斯克精确描绘的来自博雷比坟冢的一些头骨的纵向轮廓图与尼安德特人头骨的纵轮廓非常接近，枕部同样凹入，眉嵴同样明显，颅骨也同样低平。而且博雷比头骨的前额严重后倾，比澳大利亚人的头骨更接近尼安德特人的头骨。另一方面，从横径与长径的比值来看，博雷比头骨比尼安德特人头骨稍宽，某些头骨的横径和长径的比达到80∶100，属于短头型。

综上所述，目前发现的人类化石都无法表明人类更接近某一种猿人，并从其进化而来。根据现有的关于最原始的人种的认知，可以知道他们制造的石斧、石刀和骨针与现在最原始的人所制造的这些工具具有同样的样式。我们可以相信，从猛犸象、披毛犀的时代直到现在，这些人的习性和生活方式并没有发生多少变化。这些只是我认为可以推想到的结论。

那么，我们应该去哪里寻找最原始的人类呢？最古老的智人出现于上新世还是中新世，或者更久远一些？更古老地层中的猿类化石更近似于人，还是人类的化石更近似于猿类？这些都需要未来的古生物学家去研究。

时间会给出答案。但是，如果进化论是正确的，那么人类在地球上出现的时间一定比以往所认为的更久远。

附录

天 演 论

（严复　译）

吴汝纶序

严子几道既译英人赫胥黎所著《天演论》，以示汝纶，曰："为我序之。"天演者，西国格物家言也。其学以天择、物竞二义，综万汇之本原，考动植之蕃耗，言治者取焉。因物变递嬗，深揅乎质力聚散之义，推极乎古今万国盛衰兴坏之由，而大归以任天为治。赫胥黎氏起而尽变故说，以为天不可独任，要贵以人持天。以人持天，必究极乎天赋之能，使人治日即乎新，而后其国永存，而种族赖以不坠，是之谓与天争胜。而人之争天而胜天者，又皆天事之所苞。是故天行人治，同归天演。其为书奥赜纵横，博涉乎希腊、竺乾[1]、斯多噶、婆罗门、释迦诸学，审同析异，而取其衷，吾国之所创闻也。凡赫胥黎氏之道具如此，斯以信美矣。

抑汝纶之深有取于是书，则又以严子之雄于文。以为赫胥黎氏

[1] 竺乾：天竺，古印度的别称。

之指趣，得严子乃益明。自吾国之译西书，未有能及严子者也。凡吾圣贤之教，上者，道胜而文至；其次，道稍卑矣，而文犹足以久；独文之不足，斯其道不能以徒存。六艺尚已，晚周以来，诸子各自名家，其文多可喜，其大要有集录之书，有自著之言。集录者，篇各为义，不相统贯，原于《诗》《书》者也；自著者，建立一干，枝叶扶疏，原于《易》《春秋》者也。汉之士争以撰著相高，其尤者，《太史公书》，继《春秋》而作，人治以著；扬子《太玄》，拟《易》为之，天行以阐，是皆所为一干而枝叶扶疏也。及唐中叶，而韩退之氏出，源本《诗》《书》，一变而为集录之体，宋以来宗之。是故汉氏多撰著之编，唐宋多集录之文，其大略也。集录既多，而向之所为撰著之体，不复多见，间一有之，其文采不足以自发，知言者摈焉弗列也。独近世所传西人书，率皆一干而众枝，有合于汉氏之撰著。又惜吾国之译言者，大抵弇陋不文，不足传载其义。夫撰著之与集录，其体虽变，其要于文之能工，一而已。今议者谓西人之学，多吾所未闻，欲瀹民智，莫善于译书。吾则以谓今西书之流入吾国，适当吾文学靡敝之时，士大夫相矜尚以为学者，时文耳，公牍耳，说部耳。舍此三者，几无所为书。而是三者，固不足与文学之事。今西书虽多新学，顾吾之士以其时文、公牍、说部之词，译而传之，有识者方鄙夷而不知顾，民智之瀹何由？此无他，文不足焉故也。文如几道，可与言译书矣。往者释氏之入中国，中学未衰也，能者笔受，前后相望，顾其文自为一类，不与中国同。今赫胥黎氏之道，未知于释氏何如？然欲侪其书于太史氏、扬氏之列，吾知其难也；即欲侪之唐宋作者，吾亦知其难也。严子一文之，而其书乃骎骎与晚周诸子相上下，然则文顾不重耶？

抑严子之译是书，不惟自传其文而已，盖谓赫胥黎氏以人持天，以人治之日新，卫其种族之说，其义富，其辞危，使读焉者怵焉知变，于国论殆有助乎？是旨也，予又惑焉。凡为书必与其时之学者相入，而后其效明。今学者方以时文、公牍、说部为学，而严子乃欲进之以可久之词，与晚周诸子相上下之书，吾惧其傑驰而不相入也。虽然，严子之意，盖将有待也，待而得其人，则吾民之智瀹矣。是又赫胥黎氏以人治归天演之一义也欤。

光绪戊戌孟夏　桐城吴汝纶叙

译《天演论》自序

英国名学家穆勒约翰有言：“欲考一国之文字语言，而能见其理极，非谙晓数国之言语文字者不能也。”斯言也，吾始疑之，乃今深喻笃信，而叹其说之无以易也。岂徒言语文字之散者而已，即至大义微言，古之人殚毕生之精力，以从事于一学。当其有得，藏之一心则为理，动之口舌、著之简策则为词。固皆有其所以得此理之由，亦有其所以载焉以传之故。呜呼，岂偶然哉！

自后人读古人之书，而未尝为古人之学，则于古人所得以为理者，已有切肤精忮之异矣。又况历时久远，简牍沿讹，声音代变，则通段难明；风俗殊尚，则事意参差。夫如是，则虽有故训疏义之勤，而于古人诏示来学之旨，愈益晦矣。故曰：读古书难。虽然，彼所以托焉而传之理，固自若也，使其理诚精，其事诚信，则年代国俗无以隔之。

是故不传于兹，或见于彼，事不相谋而各有合。考道之士，以其所得于彼者，反以证诸吾古人之所传，乃澄湛精莹，如寐初觉。其亲切有味，较之觇毕为学者，万万有加焉。此真治异国语言文字者之至乐也。

今夫六艺之于中国也，所谓日月经天，江河行地者尔。而仲尼之于六艺也，《易》《春秋》最严。司马迁曰："《易》本隐而之显，《春秋》推见至隐。"此天下至精之言也。始吾以谓本隐之显者，观《象》《系辞》以定吉凶而已；推见至隐者，诛意褒贬而已。及观西人名学，则见其于格物致知之事，有内籀之术焉，有外籀之术焉。内籀云者，察其曲而知其全者也，执其微以会其通者也。外籀云者，据公理以断众事者也，设定数以逆未然者也。乃推卷起曰：有是哉，是固吾《易》《春秋》之学也。迁所谓本隐之显者，外籀也；所谓推见至隐者，内籀也。其言若诏之矣。二者即物穷理之最要途术也。而后人不知广而用之者，未尝事其事，则亦未尝咨其术而已矣。

近二百年，欧洲学术之盛，远迈古初。其所得以为名理、公例者，在在见极，不可复摇。顾吾古人之所得，往往先之，此非傅会扬己之言也。吾将试举其灼然不诬者，以质天下。夫西学之最为切实而执其例可以御蕃变者，名、数、质、力四者之学是已。而吾《易》则名、数以为经，质、力以为纬，而合而名之曰《易》。大宇之内，质、力相推，非质无以见力，非力无以呈质。凡力皆乾也，凡质皆坤也。奈端动之例三，其一曰："静者不自动，动者不自止；动路必直，速率必均。"此所谓旷古之虑。自其例出，而后天学明，人事利者也。而《易》则曰："乾其静也专，其动也直。"后二百年，有斯宾塞尔者，以天演自然言化，著书造论，贯天地人而一理之。此亦晚近之绝作也。其为天演界说曰："翕以合质，辟以出力，始简易而终杂糅。”而《易》则曰：“坤其静也翕，其动也辟。”至于全力不增减之说，则有自强不息为之先；凡动必复之说，则有消息之义居其始。而“易不可见，乾坤或几乎息”之旨，尤与“热力平均，天地乃毁”之言相发明也。此岂可悉谓之偶合也耶？虽然，由斯之说，必谓彼之所明，皆吾中土所前有，甚者或谓其学皆得于东来，则又不关事实，适用自蔽之说也。夫古人发其端，而后人莫能竟其绪；古人拟其大，而后人未能议其精，则犹之不学无术未化之民而已。祖父虽圣，何救子孙之童昏也哉！

大抵古书难读，中国为尤。二千年来，士徇利禄，守阙残，无独辟之虑。是以生今日者，乃转于西学，得识古之用焉。此可与知者道，难与不知者言也。风气渐通，士知弃陋为耻。西学之事，问涂日多。然亦有一二巨子，訑然谓消彼之所精，不外象、数、形下之末；彼之所务，不越功利之间。逞臆为谈，不咨其实。讨论国闻，审敌自镜之道，又断断乎不如是也。赫胥黎氏此书之旨，本以救斯宾塞任天为治之末流，其中所论，与吾古人有甚合者。且于自强保种之事，反复三致意焉。夏日如年，聊为迻译。有以多符空言，无裨实政相稽者，则固不佞所不恤也。

光绪丙申重九　严复序

译例言

译事三难：信、达、雅。求其信已大难矣，顾信矣不达，虽译犹不译也，则达尚焉。海通已来，象寄之才，随地多有，而任取一书，责其能与于斯二者，则已寡矣。其故在浅尝，一也；偏至，二也；辨之者少，三也。今是书所言，本五十年来西人新得之学，又为作者晚出之书。译文取明深义，故词句之间，时有所颠到附益，不斤斤于字比句次，而意义则不倍本文。题曰达旨，不云笔译，取便发挥，实非正法。什法师有云："学我者病。"来者方多，幸勿以是书为口实也。

西文句中名物字，多随举随释，如中文之旁支，后乃遥接前文，足意成句。故西文句法，少者二三字，多者数十百言。假令仿此为译，则恐必不可通，而删削取径，又恐意义有漏。此在译者将全文神理，融会于心，则下笔抒词，自善互备。至原文词理本深，难于共喻，则当前后引衬，以显其意。凡此经营，皆以为达，为达即所以为信也。

《易》曰："修辞立诚。"子曰："辞达而已。"又曰："言之无文，行之不远。"三曰乃文章正轨，亦即为译事楷模。故信、达而外，求其尔雅，此不仅期以行远已耳。实则精理微言，用汉以前字法、句法，则为达易；用近世利俗文字，则求达难。往往抑义就词，毫厘千里。审择于斯二者之间，夫固有所不得已也，岂钓奇哉！不佞此译，颇贻艰深文陋之讥，实则刻意求显，不过如是。又原书论说，多本名数格致及一切畴人之学，倘于之数者向未问津，虽作者同国之人，言语相通，仍多未喻，矧夫出以重译也耶？

新理踵出，名目纷繁，索之中文，渺不可得，即有牵合，终嫌参差。译者遇此，独有自具衡量，即义定名。顾其事有甚难者，即如此书上卷《导言》十余篇，乃因正论理深，先敷浅说。仆始翻"卮言"，而钱塘夏穗卿曾佑，病其滥恶，谓内典原有此种，可名"悬谈”。及桐城吴丈挚甫汝纶见之，又谓“卮言”既成滥词，“悬谈”亦沿释氏，均非能自树立者所为，不如用诸子旧例，随篇标目为佳。穗卿又谓如此则篇自为文，于原书建立一本之义稍晦。而悬谈、悬疏诸名，悬者玄也，乃会撮精旨之言，与此不合，必不可用。于是乃依其原目，质译“导言”，而分注吴之篇目于下，取便阅者。此以见定名之难，虽欲避生吞活剥之诮，有不可得者矣。他如物竞、天择、储能、效实诸名，皆由我始。一名之立，旬月踟蹰。我罪我知，是在明哲。

原书多论希腊以来学派，凡所标举，皆当时名硕。流风绪论，泰西二千年之人心民智系焉，讲西学者所不可不知也。兹于篇末，略载诸公生世事业，粗备学者知人论世之资。

穷理与从政相同，皆贵集思广益。今遇原文所论，与他书有异同者，辄就谫陋所知，列入后案，以资参考。间亦附以己见，取《诗》称嘤求，《易》言丽泽之义。是非然否，以俟公论，不敢固也。如曰标高揭己，则失不佞怀铅握椠，辛苦迻译之本心矣。

是编之译，本以理学西书，翻转不易，固取此书，日与同学诸子相课。迨书成，吴丈挚甫见而好之，斧落征引，匡益实多。顾惟探赜叩寂之学，非当务之所亟，不愿问世也。而稿经沔阳卢君木斋借钞，劝早日付梓。邮示介弟慎之于鄂，亦谓宜公海内，遂灾枣梨，犹非不佞意也。刻讫寄津覆斠，乃为发例言，并识缘起如是云。

光绪二十四年岁在戊戌四月二十二日

严复识于天津尊疑学塾

天演论[1]上

导言一　察变

赫胥黎独处一室之中，在英伦之南，背山而面野，槛外诸境，历历如在几下。乃悬想二千年前，当罗马大将恺彻[2]未到时，此间有何景物。计惟有天造草昧，人功未施，其借征人境者，不过几处荒坟，散见坡陀起伏间，而灌木丛林，蒙茸山麓，未经删治如今日者，则无疑也。怒生之草，交加之藤，势如争长相雄。各据一抔壤土，夏与畏日争，冬与严霜争，四时之内，飘风怒吹，或西发西洋[3]，或东起北海[4]，旁午交扇，无时而息。上有鸟兽之践啄，下有蚁蝝之齧伤，憔悴孤虚，旋生旋灭，菀枯顷刻，莫可究详。是离离者亦各尽天能，以自存种族而已。数亩之内，战事炽然。强者后亡，弱者先绝。年年岁岁，偏有留遗。未知始自何年，更不知止于何代。苟人事不施于其间，则莽莽榛榛，长此互相吞并，混逐蔓延而已，而诘之者谁耶？

英之南野，黄芩之种为多，此自未有纪载以前，革衣石斧之民，所采撷践踏者。兹之所见，其苗裔耳。邃古之前，坤枢未转，英伦诸岛乃属冰天雪海之区，此物能寒，法当较今尤茂。此区区一小草耳，

---

[1] 天演论：严复据赫胥黎的原著 *Evolution and Ethics* 译述为《天演论》一书。天演，即进化。

[2] 恺彻：即恺撒（前 102 或前 100—前 44），古罗马统帅，政治家、作家。

[3] 西洋：大西洋。

[4] 北海：英国东海岸附近的大西洋海域。

若迹其祖始，远及洪荒，则三古以还年代方之，犹瀼渴之水，比诸大江，不啻小支而已。故事有决无可疑者，则天道变化，不主故常是已。特自皇古迄今，为变盖渐，浅人不察，遂有天地不变之言。实则今兹所见，乃自不可穷诘之变动而来。京垓年岁之中，每每员舆正不知几移几换而成此最后之奇。且继今以往，陵谷变迁，又属可知之事，此地学不刊之说也。假其惊怖斯言，则索证正不在远。试向立足处所，掘地深逾寻丈，将逢蜃灰[1]。以是（蜃灰），知其地之古必为海。盖蜃灰为物，乃赢蚌脱壳积叠而成。若用显镜察之，其掩旋尚多完具者。使是地不前为海，此恒河沙数赢蚌者胡从来乎？沧海扬尘，非诞说矣。且地学之家，历验各种殭石，知动植庶品，率皆递有变迁。特为变至微，其迁极渐，即假吾人彭、聃之寿，而亦由暂观久，潜移弗知。是犹蟪蛄不识春秋，朝菌不知晦朔，遽以不变名之，真瞽说也。

故知不变一言，决非天运。而悠久成物之理，转在变动不居之中。是当前之所见，经廿年、卅年而革焉可也，更二万年三万年而革亦可也。特据前事推将来，为变方长，未知所极而已。虽然，天运变矣，而有不变者行乎其中。不变惟何？是名“天演”。以天演为体，而其用有二：曰物竞[2]，曰天择[3]。此万物莫不然，而于有生之类为尤著。物竞者，物争自存也。以一物以与物物争，或存或亡，而其效则归于天择。天择者，物争焉而独存。则其存也，必有其所以存，必其所得于天之分，自致一己之能，与其所遭值之时与地，及凡周身以外之物力，有其相谋相剂者焉。夫而后独免于亡，而足以自立也。而自

[1] 蜃灰：白垩，一种矿物质。

[2] 物竞：生物的竞争。

[3] 天择：自然选择。

其效观之，若是物特为天之所厚而择焉以存也者，夫是之谓天择。天择者，择于自然，虽择而莫之择，犹物竞之无所争，而实天下之至争也。斯宾塞尔[1]曰："天择者，存其最宜者也。"夫物既争存矣，而天又从其争之后而择之，一争一择，而变化之事出矣。

复案：物竞、天择二义，发于英人达尔文[2]。达著《物种由来》[3]一书，以考论世间动植物类所以繁殊之故。先是言生理者，皆主异物分造之说。近今百年格物诸家，稍疑古说之不可通，如法人兰麻克、爵弗来，德人方拔、万俾尔，英人威里士、格兰特、斯宾塞尔、倭恩、赫胥黎，皆生学[4]名家，先后间出，目治手营，穷探审论，知有生之物，始于同，终于异。造物立其一本，以大力运之。而万类之所以底于如是者，咸其自己而已，无所谓创造者也。然其说未大行也，至咸丰九年，达氏书出，众论翕然。自兹厥后，欧、美二洲治生学者，大抵宗达氏。而矿事日辟，掘地开山，多得古禽兽遗蜕，其种已灭，为今所无。于是虫鱼禽互兽人之间，衔接迤演之物，日以渐密，而达氏之言乃愈有征。故赫胥黎谓，古者以大地为静居天中，而日月星辰，拱绕周流，以地为主。自歌白尼[5]出，乃知地本行星，系日而运。古者以人类为首出庶物，肖天而生，与万物绝异。自达尔文出，知人

[1] 斯宾塞尔：这里指赫伯特·斯宾塞（1820—1903），英国社会学家、哲学家。

[2] 达尔文：1809—1882，英国博物学家，著有《物种起源》。

[3]《物种由来》：即现在的《物种起源》。

[4] 生学：即生物学。

[5] 歌白尼：即哥白尼（1473—1543），波兰天文学家，日心说创立者，近代天文学的奠基人。

为天演中一境，且演且进，来者方将，而教宗抟土之说，必不可信。盖自有歌白尼而后天学明，亦自有达尔文而后生理确也。斯宾塞尔者，与达同时，亦本天演著《天人会通论》[1]，举天、地、人、形气、心性、动植之事而一贯之，其说尤为精辟宏富。其第一书开宗明义，集格致之大成，以发明天演之旨。第二书以天演言生学。第三书以天演言性灵。第四书以天演言群理。最后第五书，乃考道德之本源，明政教之条贯，而以保种进化之公例要术终焉。呜乎，欧洲自有生民以来，无此作也[2]。斯宾氏迄今尚存，年七十有六矣。其全书于客岁始蒇事，所谓体大思精，殚毕生之力者也。达尔文生嘉庆十四年，卒于光绪八年壬午。赫胥黎于乙未夏化去，年七十也。

导言二　广义

自递嬗之变迁，而得当境之适遇，其来无始，其去无终，曼衍连延，层见迭代，此之谓世变，此之谓运会。运者以明其迁流，会者以指所遭值，此其理古人已发之矣。但古以谓天运循环，周而复始，今兹所见，于古为重规；后此复来，于今为叠矩，此则甚不然者也。自吾党观之，物变所趋，皆由简入繁，由微生著。运常然也，会乃大异。假由当前一动物，远迹始初，将见逐代变

[1]《天人会通论》：即《综合哲学提纲》。其第一书名 *Frist Principles*（《第一原理》），第二书名 *Principles of Biology*（《生物学原理》），第三书名 *Principles of Psychology*（《心理学原理》），第四书名 *Principles of Sociology*（《社会学原理》），第五书名 *Principles of Ethics*（《伦理学原理》）。

[2] 不佞近译《群学肄言》一书，即其第五书中之一编也。——译者注

体，虽至微眇，皆有可寻，迨至最初一形，乃莫定其为动为植。凡兹运行之理，乃化机所以不息之精。苟能静观，随在可察：小之极于跂行倒生，大之放乎日星天地；隐之则神思智识之所以圣狂，显之则政俗文章之所以沿革。言其要道，皆可一言蔽之，曰“天演”是已。此其说滥觞隆古，而大畅于近五十年。盖格致学精，时时可加实测故也。

且伊古以来，人持一说以言天，家宗一理以论化，如或谓开辟以前，世为混沌，沕潏胶葛，待剖判而后轻清上举，重浊下凝；又或言抟土为人，咒日作昼，降及一花一草，蠕动蠉飞，皆自元始之时，有真宰焉，发挥张皇，号召位置，从无生有，忽然而成；又或谓出王游衍，时时皆有鉴观，惠吉逆凶，冥冥实操赏罚。此其说甚美，而无如其言之虚实，断不可证而知也。故用天演之说，则竺乾、天方、犹太诸教宗，所谓神明创造之说皆不行。夫拔地之木，长于一子之微；垂天之鹏，出于一卵之细。其推陈出新，逐层换体，皆衔接微分而来。又有一不易不离之理，行乎其内。有因无创，有常无奇。设宇宙必有真宰，则天演一事，即真宰之功能。惟其立之之时，后果前因，同时并具，不得于机缄已开，洪钧既转之后，而别有设施张主于其间也。是故天演之事，不独见于动植二品中也。实则一切民物之事，与大宇之内日局诸体，远至于不可计数之恒星，本之未始有始以前，极之莫终有终以往，乃无一焉非天之所演也。故其事至赜至繁，断非一书所能罄。姑就生理治功一事，模略言之。先为导言十余篇，用以通其大义。虽然，隅一举而三反，善悟者诚于此而有得焉，则筦秘机之扃钥者，其应用亦正无穷耳！

复案：斯宾塞尔之天演界说曰："天演者，翕以聚质，辟以散力。方其用事也，物由纯而之杂，由流而之凝，由浑而之画，质力杂糅，相剂为变者也。"又为论数十万言，以释此界之例。其文繁衍奥博，不可猝译，今就所忆者杂取而粗明之，不能细也。其所谓翕以聚质者，即如日局太始，乃为星气，名涅菩剌斯，布濩六合，其质点本热至大，其抵力亦多，过于吸力。继乃由通吸力收摄成殊，太阳居中，八纬外绕，各各聚质，如今是也。所谓辟以散力者，质聚而为热，为光，为声，为动，未有不耗本力者，此所以今日不如古日之热。地球则日缩，彗星则渐迟，八纬之周天皆日缓，久将迸入而与太阳合体。又地入流星轨中，则见陨石。然则居今之时，日局不徒散力，即合质之事，亦方未艾也。余如动植之长，国种之成，虽为物悬殊，皆循此例矣。所谓由纯之杂者，万物皆始于简易，终于错综。日局始乃一气，地球本为流质，动植类胚胎萌芽，分官最简；国种之始，无尊卑、上下、君子小人之分，亦无通力合作之事。其演弥浅，其质点弥纯。至于深演之秋，官物大备，则事莫有同，而互相为用焉。所谓由流之凝者，盖流[1]者非他，由质点内力甚多，未散故耳。动植始皆柔滑，终乃坚强。草昧之民，类多游牧；城邑土著，文治乃兴，胥此理也。所谓由浑之画者，浑者芜而不精之谓，画则有定体而界域分明。盖纯而流者未尝不浑，而杂而凝者，又未必皆画也。且专言由纯之杂，由流之凝，而不言由浑之画，则凡物之病且乱者，如刘、柳元气败为痈痔之说，将亦可名

[1] 此"流"字兼飞质而言。——译者注

天演。此所以二者之外，必益以由浑之画而后义完也。物至于画，则由壮入老，进极而将退矣。人老则难以学新，治老则笃于守旧，皆此理也。所谓质力杂糅，相剂为变者，亦天演最要之义，不可忽而漏之也。前者言辟以散力矣，虽然力不可以尽散，散尽则物死，而天演不可见矣。是故方其演也，必有内涵之力，以与其质相剂。力既定质，而质亦范力，质日异而力亦从而不同焉。故物之少也，多质点之力。何谓质点之力？如化学所谓爱力是已。及其壮也，则多物体之力，凡可见之动，皆此力为之也。更取日局为喻，方为涅菩星气之时，全局所有，几皆点力。至于今则诸体之周天四游，绕轴自转，皆所谓体力之著者矣。人身之血，经肺而合养气；食物入胃成浆，经肺成血，皆点力之事也。官与物尘相接，由涅伏[1]以达脑成觉，即觉成思，因思起欲，由欲命动，自欲以前，亦皆点力之事。独至肺张心激，胃回胞转，以及拜舞歌呼手足之事，则体力耳。点、体二力，互为其根，而有隐见之异，此所谓相剂为变也。天演之义，所苞如此，斯宾塞氏至推之农商工兵、语言文学之间，皆可以天演明其消息所以然之故。苟善悟者深思而自得之，亦一乐也。

导言三　趋异

号物之数曰万，此无虑之言也。物固奚翅万哉？而人与居一焉。人，动物之灵者也，与不灵之禽兽、鱼鳖、昆虫对；动物者，

[1] 俗曰脑气筋。——译者注

生类之有知觉运动者也，与无知觉之植物对；生类者，有质之物而具支体一官理者也，与无支体官理之金、石、水、土对。凡此皆有质可称量之物也，合之无质不可称量之声、热、光、电诸动力，而万物之品备矣。总而言之，气质而已。故人者，具气质之体，有支体、官理、知觉、运动，而形上之神，寓之以为灵，此其所以为生类之最贵也。虽然，人类贵矣，而其为气质之所囚拘，阴阳之所张弛，排激动荡，为所使而不自知，则与有生之类莫不同也。

有生者生生，而天之命若曰：使生生者各肖其所生，而又代趋于微异。且周身之外，牵天系地，举凡与生相待之资，以爱恶拒受之不同，常若右其所宜，而左其所不相得者。夫生既趋于代异矣，而寒暑、燥湿、风水、土谷，洎夫一切动植之伦，所与其生相接相寇者，又常有所左右于其间。于是则相得者亨，不相得者困；相得者寿，不相得者殇。日计不觉，岁校有余，浸假不相得者将亡，而相得者生而独传种族矣。此天之所以为择也。且其事不止此，今夫生之为事也，孳乳而寖多，相乘以蕃，诚不知其所底也。而地力有限，则资生之事，常有制而不能踰。是故常法牝牡合而生生，祖孙再传，食指三倍，以有涯之资生，奉无穷之传衍，物既各爱其生矣，不出于争，将胡获耶？不必争于事，固常争于形。借曰让之，效与争等。何则？得者只一，而失者终有徒也。此物竞争存之论，所以断断乎无以易也。自其反而求之，使含生之伦，有类皆同，绝无少异，则天演之事，无从而兴。天演者，以变动不居为事者也。使与生相待之资，于异者非所左右，则天择之事，亦将泯焉。使奉生之物，恒与生相副于无穷，则物竞之论，亦无所施，争固起于不足也。

然则天演既兴，三理不可偏废。无异、无择、无争，有一然者，非吾人今者所居世界也。

复案：学问格致之事，最患者人习于耳目之肤近，而常忘事理之真实。今如物竞之烈，士非抱深思独见之明，则不能窥其万一者也。英国计学家[1]马尔达[2]有言：万类生生，各用几何级数[3]。使灭亡之数，不远过于所存，则瞬息之间，地球乃无隙地。人类孳乳较迟，然使衣食裁足，则二十五年其数自倍，不及千年，一男女所生，当遍大陆也。生子最稀，莫逾于象。往者达尔文尝计其数矣，法以牝牡一双，三十岁而生子，至九十而止，中间经数，各生六子，寿各百年，如是以往，至七百四十许年，当得见象一千九百万也。又赫胥黎云：大地出水之陆，约为方迷卢[4]者五十一兆。今设其寒温相若，肥墝又相若，而草木所资之地浆、日热、炭养[5]、亚摩尼亚[6]莫不相同。如是而设有一树，及年长成，年出五十子，此为植物出子甚少之数，但群于随风而扬，枚枚得活，各占地皮一方英尺，亦为不疏，如是计之，得九年之后，遍地皆此种树，而尚不足五百三十一万三千二百六十六垓方英尺。此非臆造之言，有名数可稽，综如下式者也。

---

[1] 即理财之学。——译者注

[2] 马尔达：即马尔萨斯（1766—1834），英国牧师、人口学家、政治经济学家。以其人口理论闻名于世。

[3] 几何级数者，级级皆用定数相乘也。谓设父生五子，则每子亦生五孙。——译者注

[4] 迷卢：今为英里。

[5] 炭养：二氧化碳气。

[6] 亚摩尼亚：化学物质，氨。

每年实得木数

第一年以一枚木出五十子＝五〇

一　　　　　二

第二年以（五〇）枚木出（五〇）子＝二五〇〇

二　　　　　三

第三年以（五〇）枚木出（五〇）子＝一二五〇〇〇

三　　　　　四

第四年以（五〇）枚木出（五〇）子＝六二五〇〇〇〇

四　　　　　五

第五年以（五〇）枚木出（五〇）子＝三一二五〇〇〇〇〇

五　　　　　六

第六年以（五〇）枚木出（五〇）子＝一五六二五〇〇〇〇〇〇

六　　　　　七

第七年以（五〇）枚木出（五〇）子＝七八一二五〇〇〇〇〇〇〇

七　　　　　八

第八年以（五〇）枚木出（五〇）子＝三九〇六二五〇〇〇〇〇〇〇〇

八　　　　　九

第九年以（五〇）枚木出（五〇）子＝一九五三一二五〇〇〇〇〇〇〇〇〇

而　　　　　英方尺

英之一方迷卢＝二七八七八四〇〇

故五一〇〇〇〇〇〇方迷卢＝一四二一七九八四〇〇〇〇〇〇〇〇

相减得不足地面＝五三一三二六六〇〇〇〇〇〇〇〇

夫草木之蕃滋，以数计之如此，而地上各种植物，以实事考之又如彼。则此之所谓五十子者，至多不过百一二存而已。且其独存众亡之故，虽有圣者莫能知也，然必有其所以然之理，此达氏所谓物竞者也。竞而独存，其故虽不可知，然可微拟而论之也。设当群子同入一区之时，其中有一焉，其抽乙独早，虽半日数时之顷，已足以尽收膏液，令余子不复长成，而此抽乙独早之故，或辞枝较先，或苞膜较薄，皆足致然。设以膜薄而早抽，则他日其子，又有膜薄者，因以竞胜，如此则历久之余，此膜薄者传为种矣，此达氏所谓天择者也。嗟夫！物类之生乳者至多，存者至寡，存亡之间，间不容发，其种愈下，其存弥难。此不仅物然而已。墨、澳二洲，其中土人日益萧瑟，此岂必虔刘朘削之而后然哉？资生之物所加多者有限，有术者既多取之而丰，无具者自少取焉而啬；丰者近昌，啬者邻灭。此洞识知微之士，所为惊心动魄，于保群进化之图，而知徒高睨大谈于夷夏轩轾之间者，为深无益于事实也。

导言四　人为

前之所言，率取譬于天然之物。天然非他，凡未经人力所修为施设者是已。乃今为之试拟一地焉，在深山广岛之中，或绝徼穷边而外，自元始来未经人迹，抑前经垦辟而荒弃多年，今者弥望蓬蒿，羌无蹊远，荆榛稠密，不可爬梳。则人将曰：甚矣，此地之荒秽矣！然要知此蓬蒿荆榛者，既不假人力而自生，即是中种之最宜，而为天之所择也。忽一旦有人焉，为之铲刈秽草，斩除恶木，缭以周垣，衡纵十亩，更为之树嘉葩，栽美箭，滋兰九畹，种橘千头。举凡非其地所前有，而为主人所爱好者，悉移取培植乎其中，如是乃成十亩园林。凡垣以内之所有，与垣以外之自生，判然各别矣。此垣以内者，不独沟塍阑楯，皆见精思，即一草一花，亦经意匠。正不得谓草木为天工，而垣宇独称人事，即谓皆人为焉，无不可耳。第斯园既假人力而落成，尤必待人力以持久，势必时加护葺，日事删除，夫而后种种美观，可期恒保。假其废而不治，则经时之后，外之峻然峙者，将圮而日卑；中之浏然清者，必淫而日塞。飞者啄之，走者躏之，虫豸为之蠹，莓苔速其枯。其与此地最宜之蔓草荒榛，或缘间隙而交萦，或因飞子而播殖，不一二百年，将见基址仅存，蓬科满目，旧主人手足之烈，渐不可见，是青青者又战胜独存，而遗其宜种矣。此则尽人耳目所及，其为事岂不然哉？此之取譬，欲明何者为人为，十亩园林，正是人为之一。大抵天之生人也，其周一身者谓之力，谓之气；其宅一心者谓之智，谓之神。智力兼施，以之离合万物，于以成天之所不能自成者谓之业，谓之功，而通谓之曰人事。自古之土铏洼尊，以至今之电车、铁舰，精粗迥殊，人事一也。故人事者，所以济天工之穷也。虽然，苟揣其本以为言，则岂惟是莽莽荒荒，自生自灭者，乃出于天生；即此花木亭垣，凡吾人所辅相裁成者，亦何一不由帝力乎？夫曰人巧足夺天工，其说固非皆诞。顾此冒彩横目，手以攫、足以行者，则亦彼苍所赋畀，且岂徒形体为然。所谓运智虑以为才，制行谊以为德，凡所异于草木禽兽者，一一皆秉彝物则，无所逃于天命而独尊。由斯而谈，则虽有出类拔萃之圣人，建生民未有之事业，而自受性降衷而论，固实与昆虫草木同科。贵贱不同，要为天演之所苞已耳，此穷理之家之公论也。

复案：本篇有云：物不假人力而自生，便为其地最宜之种。此说固也。然不知分别观之则误人，是不可以不论也。赫胥黎氏于此所指为最宜者，仅就本土所前有诸种中，标其最宜耳。如是而言，其说自不可易，何则？非最宜不能独存独盛故也。然使是种与未经前有之新种角，则其胜负之数，其尚能为最宜与否，举不可知矣。大抵四达之地，接壤绵遥，则新种易通，其为物竞，历时较久，聚种亦多。至如岛国孤悬，或其国在内地，而有雪岭、流沙之限，则其中见种，物竞较狭，暂为最宜。外种闯入，新竞更起。往往年月以后，旧种渐湮，新种迭盛。此自舟车大通之后，所特见屡见不一见者也。譬如美洲从古无马，自西班牙人载与俱入之后，今则不独家有是畜，且落荒山林，转成野种，族聚蕃生。澳洲及新西兰诸岛无鼠，自欧人到彼，船鼠入陆，至今遍地皆鼠，无异欧洲。俄罗斯蟋蟀旧种长大，自安息小蟋蟀入境，尅灭旧种，今转难得。苏格兰旧有画眉最善鸣，后忽有斑画眉，不悉何来，不善鸣而蕃生，尅善鸣者日以益稀。澳洲土蜂无针，自窝蜂有针者入境，无针者不数年灭。至如植物，则中国之蕃薯蓣来自吕宋，黄占来自占城，蒲桃、苜蓿来自西域，薏苡载自日南，此见诸史传者也。南美之番百合，西名哈敦[1]，本地中海东岸物，一经移种，今南美拉百拉达[2]往往蔓生数十百里，弥望无他草木焉。余则由欧洲以入印度、澳斯地利，动植尚多，往往十年以外，遂遍其境，较之本土，繁盛有加。夫物有迁地而良如此，谁谓必本土固有者而后称最宜哉？嗟乎！岂惟是动植而已，

[1] 哈敦：毛蓟。

[2] 拉百拉达：即拉普拉塔，是阿根廷的一个市。

使必土著最宜，则彼美洲之红人，澳洲之黑种，何由自交通以来，岁有耗减？而伯林海[1]之甘穆斯噶加[2]，前土民数十万，晚近乃仅数万，存者不及什一，此俄人亲为余言，且谓过是恐益少也。物竞既兴，负者日耗，区区人满，乌足恃也哉！乌足恃也哉！

导言五　互争

难者曰：信斯言也，人治天行，同为天演矣。夫名学[3]之理，事不相反之谓同，功不相毁之谓同。前篇所论，二者相反相毁明矣。以矛陷盾，互相牴牾，是果僢驰而不可合也。如是岂名学之理，有时不足信欤？

应之曰：以上所明，在在征诸事实。若名学必谓相反相毁，不出同原，人治天行，不得同为天演，则负者将在名学理征于事。事实如此，不可诬也。夫园林台榭，谓之人力之成可也，谓之天机之动，而诱衷假手于斯人之功力以成之，亦无不可。独是人力既施之后，是天行者，时时在在，欲毁其成功，务使复还旧观而后已。倘治园者不能常目存之，则历久之余，其成绩必归于乌有，此事所必至，无可如何者也。今如河中铁桥，沿河石堰，二者皆天材人巧，交资成物者也。然而飘风朝过，则机牙暗损；潮头暮上，则基阯微摇；且凉热涨缩，则笱缄不得不松；雾淞潜滋，则锈涩不能不长，更无论开阖动荡之日有损伤者矣。是故桥须岁以勘修，堰须时以培筑，夫而后可得利

[1] 伯林海：即白令海，是太平洋的边缘海。

[2] 甘穆斯噶加：即勘察加，岛屿名。

[3] 名学：一名伦理学，一名逻辑学。

用而久长也。故假人力以成务者天，凭天资以建业者人，而务成业建之后，天人势不相能。若必使之归宗返始而后快者，不独前一二事为然。小之则树艺牧畜之微，大之则修齐治平之重，无所往而非天人互争之境。其本固一，其末乃歧。闻者疑吾言乎？则盍观张弓，张弓者之两手也，支左而屈右，力同出一人也，而左右相距。然则天行人治之相反也，其原何不可同乎？同原而相反，是所以成其变化者耶？

复案：于上二篇，斯宾塞、赫胥黎二家言治之殊，可以见矣。斯宾塞之言治也，大旨存于任天，而人事为之辅，犹黄老之明自然，而不忘在宥是已。赫胥黎氏他所著录，亦什九主任天之说者，独于此书，非之加此。盖为持前说而过者设也。斯宾塞之言曰：人当食之顷，则自然觉饥思食。今设去饥而思食之自然，有良医焉，深究饮食之理，为之程度，如学之有课，则虽有至精至当之程，吾知人以忘食死者必相藉也。物莫不慈其子姓，此种之所以传也。今设去其自然爱子之情，则虽深谕切戒，以保世存宗之重，吾知人之类其灭久矣。此其尤大彰明较著者也。由是而推之，凡人生保身保种，合群进化之事，凡所当为，皆有其自然者为之阴驱而潜率，其事弥重，其情弥殷。设弃此自然之机，而易之以学问理解，使知然后为之，则日用常行，已极纷纭繁赜，虽有圣者，不能一日行也。于是难者曰：诚如是，则世之任情而过者，又比比焉何也？曰：任情而至于过，其始必为其违情。饥而食，食而饱，饱而犹食；渴而饮，饮而滋，滋而犹饮。至违久而成习。习之既成，日以益痼，斯生害矣。故子之所言，乃任习，非任情也。使其始也，如其情而止，则乌能过乎？学问之事，所以范情，使勿至于成习以害生也。斯宾塞任天之说，模略如此。

导言六　人择

天行人治，常相毁而不相成固矣。然人治之所以有功，即在反此天行之故。何以明之？天行者以物竞为功，而人治则以使物不竞为的。天行者倡其化物之机，设为已然之境，物各争存，宜者自立。且由是而立者强，强者昌；不立者弱，弱乃灭亡。皆悬至信之格，而听万类之自己。至于人治则不然，立其所祈向之物，尽吾力焉为致所宜，以辅相匡翼之，俾克自存，以可久可大也。请申前喻，夫种类之孳生无穷，常于寻尺之壤，其膏液雨露，仅资一本之生，乃杂投数十百本牙蘖其中，争求长养。又有旱涝风霜之虐，耘其弱而植其强，洎夫一本独荣，此岂徒坚韧胜常而已，固必具与境推移之能，又或蒙天幸焉，夫而后翘尔后亡，由拱把而至婆娑之盛也。争存之难，有如此者！至于人治独何如乎？彼天行之所存，固现有之最宜者。然此之最宜，自人观之，不必其至美而适用也。是故人治之兴，常兴于人类之有所择。譬诸草木，必择其所爱与利者而植之。既植矣，则必使地力宽饶有余，虫鸟勿蠹伤，牛羊勿践履；旱其溉之，霜其苫之，爱护保持，期于长成繁盛而后已。

何则？彼固以是为美、利也，使其果实材荫，常有当夫主人之意，则爱护保持之事，自相引而弥长；又使天时地利人事，不大异其始初，则主人之庇，亦可为此树所长保，此人胜天之说也。虽然，人之胜天亦仅耳，使所治之园，处大河之滨，一旦刍茭不属，虑殚为河，则主人于斯，救死不给，树乎何有？即它日河复，平沙无际，茅芦而外，无物能生；又设地枢渐转，其地化为冰虚，则此木亦未由得艺，此天胜人之说也。天人之际，其常为相胜也若此。所谓人治有功，在反天行者，盖虽辅相裁成，存其所善，而必赖天行之力，而后有以致其事，以获其所期。物种相刃相劘，又各肖其先，而代趋于微异，以其有异，人择以加。譬如树艺之家，果实花叶，有不尽如其意者，彼乃积摧其恶种，积择其善种。物竞自若也，特前之竞也，竞宜于天；后之竞也，竞宜于人。其存一也，而所以存异。夫如是积累而上之，恶日以消，善日以长，其得效有迥出所期之外者，此之谓人择。人择而有功，必能尽物之性而后可。嗟夫！此真生聚富强之秘术，慎勿为卤莽者道也。

复案：达尔文《物种由来》云：人择一术，其功用于树艺牧畜，至为奇妙。用此术者，不仅能取其种而进退之，乃能悉变原种，至于不可复识。其事如按图而索，年月可期。往尝见撒孙尼[1]人击羊，每月三次置羊于几，体段毛角，详悉校品，无异考金石者之玩古器也。其术要在识别微异，择所祈向，积累成著而已。顾行术最难，非独具手眼，觉察毫厘，不能得所欲也。具此能者，千牧之中，殆难得一。苟其能之，更益巧习，数稔之间，必致巨富。欧洲羊马二事，尤彰彰也。间亦用接构之法，故真佳种，索价不赀，然少得效。效者须牝牡种近，生乃真佳，无反种之弊。牧畜如此，树艺亦然，特其事差易，以进种略骤，易于决择耳。

[1] 撒孙尼：即德国萨克森州。

导言七　善败

天演之说，若更以垦荒之事喻之，其理将愈明而易见。今设英伦有数十百民，以本国人满，谋生之艰，发愿前往新地开垦。满载一舟，到澳洲南岛达斯马尼亚所[1]。弃船登陆，耳目所触，水土动植，种种族类，寒燠燥湿，皆与英国大异，莫有同者。此数十百民者，筚路褴褛，辟草莱，烈山泽，驱其猛兽虫蛇，不使与人争土，百里之周，居然城邑矣。更为之播英之禾，艺英之果，致英之犬羊牛马，使之游且字于其中，于是百里之内与百里之外，不独民种迥殊，动植之伦，亦以大异。凡此皆人之所为，而非天之所设也。故其事与前喻之园林，虽大小相悬，而其理则一。顾人事立矣，而其土之天行自若也，物竞又自若也。以一朝之人事，闯然出于数千万年天行之中，以与之相抗，或小胜而仅存，或大胜而日辟，抑或负焉以泯而无遗，则一以此数十百民之人事何如为断。使其通力合作，而常以公利为期，养生送死之事备，而有以安其身；推选赏罚之约明，而有以平其气，则不数十百年，可以蔚然成国。而土著之种产民物，凡可以驯而服者，皆得渐化相安，转为吾用。设此数十百民惰窳卤莽，愚暗不仁，相友相助之不能，转而糜精力于相伐，则客主之势既殊，彼旧种者，得因以为利，灭亡之祸，旦暮间耳。即所与偕来之禾稼、果蓏、牛羊，或以无所托庇而消亡，或入焉而与旧者俱化。不数十年，将徒见

[1] 澳士大利亚南有小岛。——译者注

山高而水深，而垦荒之事废矣。此即谓不知自致于最宜，用不为天之所择，可也。

复案：由来垦荒之利不利，最觇民种之高下。泰西自明以来，如荷兰，如日斯巴尼亚[1]，如蒲陀牙[2]，如丹麦，皆能浮海得新地。而最后英伦之民，于垦荒乃独著，前数国方之，瞠乎后矣。西有米利坚[3]，东有身毒，南有好望新洲[4]，计其幅员，几与欧洲埒。此不仅习海擅商，狡黠坚毅为之也，亦其民能自制治，知合群之道胜耳。故霸者之民，知受治而不知自治，则虽与之地，不能久居。而霸天下之世，其君有辟疆，其民无垦土。法兰西、普鲁士、奥地利、俄罗斯之旧无垦地，正坐此耳。法于乾、嘉以前，真霸权不制之国也。中国廿余口之租界，英人处其中者，多不逾千，少不及百，而制度厘然，隐若敌国矣。吾闻粤民走南洋非洲者，所在以亿计，然终不免为人臧获，被驱斥也。悲夫！

导言八　乌托邦

又设此数十百民之内，而有首出庶物之一人，其聪明智虑之出于人人，犹常人之出于牛羊犬马，幸而为众所推服。立之以为君，以期

[1] 日斯巴尼亚：即西班牙。

[2] 蒲陀牙：即葡萄牙。

[3] 米利坚：即美利坚。

[4] 好望新洲：即好望角。

人治之必申，不为天行之所胜。是为君者，其措施之事当如何？无亦法园夫之治园已耳。园夫欲其草木之植，凡可以害其草木者，匪不芟夷之，剿绝之。圣人欲其治之隆，凡不利其民者，亦必有以灭绝之，禁制之，使不克与其民有竞立争存之势。故其为草昧之君也，其于草莱、猛兽、戎狄，必有其烈之、驱之、膺之之事。其所尊显选举以辅治者，将惟其贤。亦犹园夫之于果实花叶，其所长养，必其适口与悦目者。且既欲其民和其智力以与其外争矣，则其民必不可互争以自弱也。于是求而得其所以争之端，以谓争常起于不足，乃为之制其恒产，使民各遂其生，勿廪然常惧为强与黠者之所兼并；取一国之公是公非，以制其刑与礼，使民各识其封疆畛畔，毋相侵夺，而太平之治以基。夫以人事抗天行，其势固常有所屈也。屈则治化不进，而民生以凋，是必为致所宜以辅之，而后其业乃可以久大。是故民屈于寒暑雨旸，则为致衣服宫室之宜；民屈于旱乾水溢，则为致潴渠畎浍之宜；民屈于山川道路之阻深，而艰于转运也，则有道途、桥梁、漕挽、舟车。致之汽电诸机，所以增倍人畜之功力也；致之医疗药物，所以救民之厉疾夭死也；为之刑狱禁制，所以防强弱愚智之相欺夺也；为之陆海诸军，所以御异族强邻之相侵侮也。凡如是之张设，皆以民力之有所屈，而为致其宜，务使民之待于天者，日以益寡；而于人自足恃者，日以益多。且圣人知治人之人，固赋于治于人者也。凶狡之民，不得廉公之吏；偷懦之众，不兴神武之君。故欲郅治之隆，必于民力、民智、民德三者之中，求其本也。故又为之学校庠序焉。学校庠序之制善，而后智仁勇之民兴。智仁勇之民兴，而有以为群力群策之资，夫而后其国乃一富而不可贫，一强而不可弱也。嗟夫！治国至于如是，是亦足矣。

然观其所以为术，则与吾园夫所以长养草木者，其为道岂异也哉！假使员舆之中，而有如是之一国，则其民熙熙皞皞，凡其国之所有，皆足以养其欲而给其求，所谓天行物竞之虐，于其国皆不见，而惟人治为独尊，在在有以自恃而无畏。降以至一草木一禽兽之微，皆所以娱情适用之资，有其利而无其害。又以学校之兴，刑罚之中，举错之公也，故其民莠者日以少，良者日以多。驯至于各知职分之所当为，性分之所固有，通功合作，互相保持，以进于治化无疆之休。夫如是之群，古今之世所未有也，故称之曰乌托邦。乌托邦者，犹言无是国也，仅为涉想所存而已。然使后世果其有之，其致之也，将非由任天行之自然，而由尽力于人治，则断然可识者也。

复案：此篇所论，如“圣人知治人之人，赋于治于人者也”以下十余语最精辟。盖泰西言治之家，皆谓善治如草木，而民智如土田。民智既开，则下令如流水之源，善政不期举而自举，且一举而莫能废。不然，则虽有善政，迁地弗良，淮橘成枳。一也；人存政举，人亡政息，极其能事，不过成一治一乱之局。二也。此皆各国所历试历验者。西班牙民最信教，而智识卑下。故当明嘉、隆间，得斐立白第二[1]为之主而大强。通美洲，据南美，而欧洲亦几为所混一。南洋吕宋[2]一岛，名斐立宾[3]者，即以其名，名其所得地也。至万历末年，而斐立白第二死，继体之人，庸暗选懦，国乃大弱，尽失欧洲所已得地，贫削饥馑，民不聊生。直至乾隆初年，查理第三当国，精勤二十余年，而国势

[1] 斐立白第二：即腓力二世（1527—1598），西班牙国王。

[2] 吕宋：古国名。即今菲律宾群岛中的吕宋岛。

[3] 斐立宾：今菲律宾。

复振。然而民智未开，终弗善也。故至乾隆五十三年，查理第三亡，而国又大弱。虽道、咸以还，泰西诸国，治化宏开，西班牙立国其中，不能无所淬厉，然至今尚不足为第二等权也。至立政之际，民智汙隆，难易尤判。如英国平税一事，明计学者持之盖久，然卒莫能行，坐其理太深，而国民抵死不悟故也。后议者以理财启蒙诸书，颁令乡塾习之，至道光间，阻力遂去，而其令大行，通国蒙其利矣。夫言治而不自教民始，徒曰“百姓可与乐成，难与虑始”；又曰“非常之原，黎民所惧”，皆苟且之治，不足存其国于物竞之后者也。

导言九 汰蕃

虽然，假真有如是之一日，而必谓其盛可长保，则又不然之说也。盖天地之大德曰生，而含生之伦，莫不孳乳，乐牝牡之合，而保爱所出者，此无化与有化之民所同也。方其治之未进也，则死于水旱者有之，死于饥寒者有之。且兵刑疾疫，无化之国，其死民也尤深。大乱之后，景物萧寥，无异新造之国者，其流徙而转于沟壑者众矣。洎新治出，物竞平，民获息肩之所，休养生聚，各长子孙。卅年以往，小邑自倍。以有限之地产，供无穷之孳生，不足则争，干戈又动。周而复始，循若无端，此天下之生所以一治而一乱也。故治愈隆则民愈休，民愈休则其蕃愈速。且德智并高，天行之害既有以防而胜之。如是经十数传、数十传以后，必神通如景尊[1]，能以

[1] 景尊：严复常用“景教”称基督教，用“景尊”二字称耶稣。

二馒头哺四千众而后可。不然，人道既各争存，不出于争，将安出耶？争则物竞兴、天行用，所谓郅治之隆，乃儳然不终日矣。故人治者，所以平物竞也，而物竞乃即伏于人治之大成，此诚人道、物理之必然，昭然如日月之必出入，不得以美言饰说，苟用自欺者也。

设前所谓首出庶物之圣人，于彼新造乌托邦之中，而有如是之一境，此其为所前知，固何待论。然吾侪小人，试为揣其所以挽回之术，则就理所可知言之，无亦二途已耳：一则听其蕃息，至过庶食不足之时，徐谋所以处置之者；一则量食为生，立嫁娶收养之程限，使无有过庶之一时。由前而言其术，即今英伦、法、德诸邦之所用。然不过移密就疏，挹兹注彼，以邻为壑，会有穷时，穷则大争仍起。由后而言，则微论程限之至难定也，就令微积之术，格致之学，日以益精，而程限较然可立，而行法之方，将安出耶？此又事有至难者也。于是议者曰："是不难，天下有骤视若不仁，而其实则至仁也者。夫过庶既必至争矣，争则必有所灭，灭又未必皆不善者也。则何莫于此之时，先去其不善而存其善？圣人治民，同于园夫之治草木。园夫之于草木也，过盛则芟夷之而已矣，拳曲臃肿则拔除之而已矣。夫惟如是，故其所养者，皆嘉葩珍果，而种日进也。去不材而育其材，治何为而不若是？罢癃、愚痴、残疾、颠丑、盲聋、狂暴之子，不必尽取而杀之也，鳏之寡之，俾无遗育，不亦可乎？使居吾土而衍者，必强佼、圣智、聪明、才桀之子孙，此真至治之所期，又何忧乎过庶？"主人曰："唯唯，愿与客更详之。"

复案：此篇客说，与希腊亚利大各[1]所持论略相仿。又嫁娶程限之政，瑞典旧行之：民欲婚嫁者，须报官验明家产及格者，

[1] 亚利大各：即柏拉图。

始为牉合。然此令虽行，而俗转淫佚，天生之子满街，育婴堂充塞不复收，故其令寻废也。

导言十　择难

天演家用择种留良之术于树艺牧畜间，而繁硕茁壮之效，若执左契致也。于是以谓人者生物之一宗，虽灵蠢攸殊，而血气之躯，传衍种类，所谓生肖其先，代趋微异者，与动植诸品无或殊焉。今吾术既用之草木禽兽而大验矣，行之人类，何不可以有功乎？此其说虽若骇人，然执其事而责其效，则确然有必然者。顾惟是此择与留之事，将谁任乎？前于垦荒立国，设为主治之一人，所以云其前识独知，必出人人，犹人人之出牛羊犬马者，盖必如是而后乃可独行而独断也。果能如是，则无论如亚洲诸国，亶聪明作元后，天下无敢越志之至尊。或如欧洲，天听民听，天视民视，公举公治之议院，为独为聚，圣智同优。夫而后托之主治也可，托之择种留良也亦可。而不幸横览此五洲六十余国之间，为上下其六千余年之纪载，此独知前识，迈类逾种，如前比者，尚断断乎未尝有人也。

且择种留良之术，用诸树艺牧畜而大有功者，以所择者草木禽兽，而择之者人也。今乃以人择人，此何异上林之羊，欲自为卜式；汧、渭之马，欲自为其伯翳，多见其不知量也已。[1] 且欲由此术，是操选政者，不特其前识如神明，抑必极刚戾忍决之姿而后可。夫刚戾忍决诚无难，雄主酷吏皆优为之。独是先觉之事，则分限于天，必不可以人力勉也。

[1] 案：原文用白鸽欲为施白来。施，英人最善畜鸽者也，易用中事。——译者注

且此才不仅求之一人之为难，即合一群之心思才力为之，亦将不可得。久矣合群愚不能成一智，聚群不肖不能成一贤也！且从来人种难分，比诸飞走下生，奚翅什伯。每有孩提之子，性情品格，父母视之为庸儿，戚党目之为劣子，温温未试，不比于人。逮磨砻世故，变动光明，事业声施，赫然惊俗，国蒙其利，民戴其功。吾知聚百十儿童于此，使天演家凭其能事，恣为抉择，判某也为贤为智，某也为不肖为愚，某也可室可家，某也当鳏当寡，应机断决，无或差讹，用以择种留良，事均树畜。来者不可知，若今日之能事，尚未足以企此也。

导言十一　蜂群

故首出庶物之神人既已杳不可得，则所谓择种之术不可行。由是知以人代天，其事必有所底，此无可如何者也。且斯人相系相资之故，其理至为微渺难思。使未得其人，而欲冒行其术，将不仅于治理无以复加，且恐其术果行，其群将涣。盖人之所以为人者，以其能群也。第深思其所以能群，则其理见矣。虽然，天之生物，以群立者，不独斯人已也。试略举之：则禽之有群者，如雁如乌；兽之有群者，如鹿如象，如米利坚之犎，阿非利加之猕，其尤著者也；昆虫之有群者，如蚁如蜂。凡此皆因其有群，以自完于物竞之际者也。今吾将即蜂之群而论之，其与人之有群，同欤？异欤？意其皆可深思，因以明夫天演之理欤？

夫蜂之为群也，审而观之，乃真有合于古井田经国之规，而为近世以均富言治者之极则也。[1] 以均富言治者曰："财之不均，乱之

[1] 复案：古之井田与今之均富，以天演之理及计学公例论之，乃古无此事，今不可行之制。故赫氏于此，意含滑稽。——译者注

本也。一群之民，宜通力而合作。然必事各视其所胜，养各给其所欲，平均齐一，无有分殊。为上者职在察贰廉空，使各得分愿，而莫或并兼焉，则太平见矣。”此其道蜂道也。夫蜂有后，其民雄者惰，而操作者半雌[1]。一壶之内，计而口禀，各致其职。昧旦而起，吸胶戴黄，制为甘芗，用相保其群之生，而与凡物为竞。其为群也，动于天机之自然，各趣其功，于以相养，各有其职分之所当为，而未尝争其权利之所应享。是辑辑者，为有思乎？有情乎？吾不得而知之也。自其可知者言之，无亦最粗之知觉运动已耳。设是群之中，有劳心者焉，则必其雄而不事之惰蜂。为其暇也，此其神识智计，必天之所纵，而皆生而知之，而非由学而来，抑由悟而入也。设其中有劳力者焉，则必其半雌，盻盻然终其身为酿蓄之事，而所禀之食，特倮然仅足以自存。是细腰者，必皆安而行之，而非由墨之道以为人，抑由杨之道以自为也。之二者自裂房茁羽而来，其能事已各具矣。然则蜂之为群，其非为物之所设，而为天之所成明矣。天之所以成此群者奈何？曰：与之以含生之欲，辅之以自动之机，而后治之以物竞，锤之以天择，使肖而代迁之种，自范于最宜，以存延其种族。此自无始来，累其渐变之功，以底于如是者。

导言十二　人群

人之有群，其始亦动于天机之自然乎？其亦天之所设，而非人之所为乎？群肇于家，其始不过夫妇父子之合，合久而系联益固，

[1] 采花酿蜜者皆雌，而不交不孕。其雄不事事，俗误为雌，呼曰蜂姐。——译者注

生齿日蕃，则其相为生养保持之事，乃愈益备。故宗法者群之所由昉也。夫如是之群，合而与其外争，或人或非人，将皆可以无畏，而有以自存。盖惟泯其争于内，而后有以为强，而胜其争于外也。此所与飞走蠕泳之群同焉者也。然则人虫之间，卒无以异乎？曰：有。鸟兽昆虫之于群也，因生而受形，爪翼牙角，各守其能，可一而不可二，如彼蜜蜂然。雌者雄者，一受其成形，则器与体俱，嫥嫥然趋为一职，以毕其生，以效能于其群而已矣，又乌知其余？假有知识，则知识此一而已矣；假有嗜欲，亦嗜欲此一而已矣。何则？形定故也。至于人则不然，其受形虽有大小强弱之不同，其赋性虽有愚智巧拙之相绝，然天固未尝限之以定分，使划然为其一而不得企其余。曰此可为士，必不可以为农；曰此终为小人，必不足以为君子也。此其异于鸟兽昆虫者一也。且与生俱生者有大同焉，曰好甘而恶苦，曰先己而后人。夫曰先天下为忧，后天下为乐者，世容有是人，而无如其非本性也。人之先远矣，其始禽兽也。不知更几何世，而为山都木客；又不知更几何年，而为毛民猺獠；由毛民猺獠，经数万年之天演，而渐有今日，此不必深讳者也。自禽兽以至为人，其间物竞天择之用，无时而或休，而所以与万物争存，战胜而种盛者，中有最宜者在也。是最宜云何？曰独善自营而已。夫自营为私，然私之一言，乃无始来。斯人种子，由禽兽得此，渐以为人，直至今日而根株仍在者也。古人有言，人之性恶。又曰人为孽种，自有生来，便含罪恶。其言岂尽妄哉！是故凡属生人，莫不有欲，莫不求遂其欲，其始能战胜万物，而为天之所择以此。其后用以相贼，而为天之所诛亦以此。何则？自营大行，群道将息，而人种灭矣。此人所与鸟兽昆虫异者又其一也。

复案：西人有言，十八期民智大进步，以知地为行星，而非居中恒静，与天为配之大物，如古所云云者。十九期民智大进步，以知人道，为生类中天演之一境，而非笃生特造，中天地为三才，如古所云云者。二说初立，皆为世人所大骇，竺旧者，至不惜杀人以杜其说。卒之证据厘然，弥攻弥固，乃知如如之说，其不可撼如此也。达尔文《原人篇》[1]，希克罗[2]《人天演》[3]，赫胥黎《化中人位论》[4]，三书皆明人先为猿之理。而现在诸种猿中，则亚洲之吉贲[5]、倭兰[6]两种，非洲之戈栗拉[7]、青明子[8]两种为尤近。何以明之？以官骸功用，去人之度少，而去诸兽与他猿之度多也。自兹厥后，生学分类，皆人猿为一宗，号布拉默特[9]。布拉默特者，秦言第一类也。

导言十三　制私

自营甚者必侈于自由，自由侈则侵，侵则争，争则群涣，群涣则人道所恃以为存者去。故曰自营大行，群道息而人种灭也。然而天地之性，物之最能为群者，又莫人若。如是，则其所受于天，必有以制

---

[1]《原人篇》：英译本名 *The Descent of Man and Selection in Relation to Sex*，即《人类起源及性选择》一书。

[2] 希克罗：即海克尔（1834—1919），德国博物学家、哲学家。

[3]《人天演》：英译本名 *The Evolution of Man*。

[4]《化中人位论》：英译本名 *Man's Place in Nature*。

[5] 吉贲：长臂猿。

[6] 倭兰：猩猩。

[7] 戈栗拉：大猩猩。

[8] 青明子：黑猩猩。

[9] 布拉默特：灵长目动物。

此自营者，夫而后有群之效也。[1]夫物莫不爱其苗裔，否则其种早绝而无遗，自然之理也。独爱子之情，人为独挚，其种最贵，故其生有待于父母之保持，方诸物为最久。久，故其用爱也尤深。继乃推类扩充，缘所爱而及所不爱，是故慈幼者，仁之本也。而慈幼之事，又若从自营之私而起。由私生慈，由慈生仁，由仁胜私，此道之所以不测也。又有异者，惟人道善以己效物，凡仪形肖貌之事，独人为能。[2]故禽兽不能画，不能象，而人则于他人之事，他人之情，皆不能漠然相值，无概于中。即至隐微意念之间，皆感而遂通，绝不闻矫然离群，使人自人而我自我。故里语曰：一人向隅，满堂为之不乐；孩稚调笑，戾夫为之破颜。涉乐方辗，言哀已唏。动乎所不自知，发乎其不自已。

或谓古有人焉，举世誉之而不加劝，举世毁之而不加沮，此诚极之若反，不可以常法论也。但设今者有高明深识之士，其意气若尘垢秕糠一世也者，猝于途中，遇一童子，显然傲侮轻贱之，谓彼其中毫不一动然者，则吾窃疑而未敢信也。李将军必取霸陵尉而杀之，可谓过矣。然以飞将威名，二千石之重，尉何物，乃以等闲视之？其憾之者，犹人情也。[3]不见夫怖畏清议者乎？刑章国宪，未

[1] 复案：人道始群之际，其理至为要妙。群学家言之最晰者，有斯宾塞氏之《群谊篇》、柏捷特《格致治平相关论》二书，皆余所已译者。——译者注

[2] 案：昆虫禽兽亦能肖物，如南洋木叶虫之类，所在多有。又传载寡女丝一事，则尤异者。然此不足以破此公例也。——译者注

[3] 案：原文如下：埃及之哈猛*，必取摩德开**而枭之高竿之上，亦已过矣。然彼以亚哈木鲁***经略之重，何物犹大****，乃漠然视之。门焉再出入，傲不为礼，其则恨之者尚人情耳。今以与李广霸陵尉事相类，故易之如此。——译者注

* 哈猛：英译 Haman。今通译哈曼。

** 摩德开：英译 Mordecai。今通译摩得开。

*** 亚哈木鲁：英译 Ahasuerus。今通译亚哈随鲁。

**** 犹大：英译 Jew。今通译犹太人。

必惧也，而斤斤然以乡里月旦为怀；美恶毁誉，至无定也，而礼俗既成之后，则通国不敢畔其范围。人宁受饥寒之苦，不忍舍生，而愧情中兴，则计短者至于自杀。凡此皆感通之机，人所甚异于禽兽者也。感通之机神，斯群之道立矣。大抵人居群中，自有识知以来，他人所为，常衡以我之好恶；我所为作，亦考之他人之毁誉。凡人与己之一言一行，皆与好恶毁誉相附而不可离。及其久也，乃不能作一念焉，而无好恶毁誉之别。由是而有是非，亦由是而有羞恶。人心常德，皆本之能相感通而后有。于是是心之中，常有物焉以为之宰，字曰天良。天良者，保群之主，所以制自营之私，不使过用以败群者也。

复案：赫胥黎保群之论，可谓辨矣。然其谓群道由人心善相感而立，则有倒果为因之病，又不可不知也。盖人之由散入群，原为安利，其始正与禽兽下生等耳，初非由感通而立也。夫既以群为安利，则天演之事，将使能群者存，不群者灭；善群者存，不善群者灭。善群者何？善相感通者是。然则善相感通之德，乃天择以后之事，非其始之即如是也。其始岂无不善相感通者？经物竞之烈，亡矣，不可见矣。赫胥黎执其末以齐其本，此其言群理，所以不若斯宾塞氏之密也。且以感通为人道之本，其说发于计学家亚丹斯密，亦非赫胥黎氏所独标之新理也。

又案：班孟坚曰：不能爱则不能群，不能群则不胜物，不胜物则养不足。群而不足，争心将作。吾窃谓此语，必古先哲人所已发，孟坚之识，尚未足以与此也。

导言十四　恕败

群之所以不涣，由人心之有天良。大良生于善相感，其端孕于至微，而效终于极巨，此之谓治化。治化者，天演之事也。其用在厚人类之生，大其与物为竞之能，以自全于天行酷烈之际。故治化虽原出于天，而不得谓其不与天行相反也。自礼刑之用，皆所释憾而平争。故治化进而天行消，即治化进而自营减。顾自营减之至尽，则人与物为竞之权力，又未尝不因之俱衰，此又不可不知者也。故此而论之，合群者所以平群以内之物竞，即以敌群以外之天行。人始以自营能独伸于庶物，而自营独用，则其群以漓。由合群而有治化，治化进而自营减，克己廉让之风兴。然自其群又不能与外物无争，故克己太深，自营尽泯者，其群又未尝不败也。无平不陂，无往不复，理诚如是，无所逃也。今天下之言道德者，皆曰：终身可行莫如恕，平天下莫如絜矩矣。泰东者曰：己所不欲，勿施于人。所求于朋友，先施之。泰西者曰：施人如己所欲受。又曰：设身处地，待人如己之期人。凡此之言，皆所谓金科玉律，贯澈上下者矣。自常人行之，有必不能悉如其量者。虽然，学问之事，贵审其真，而无容心于其言之美恶。苟审其实，则恕道之与自存，固尚有其不尽比附也者。盖天下之为恶者，莫不务逃其诛：今有盗吾财者，使吾处盗之地，则莫若勿捕与勿罚；今有批吾颊者，使吾设批者之身，则左受批而右不再焉，已厚幸矣。持是道以与物为竞，则其所以自存者几何？故曰：不相附也。且其道可用之民与民，而不可用之国与国。何则？民尚有国法焉，为之持其平而与之直也。至于国，则持其平而与之直者谁乎？

复案：赫胥黎氏之为此言，意欲明保群自存之道，不宜尽去自营也。然而其义隘矣。且其所举泰东西建言，皆非群学太平最大公例也。太平公例曰："人得自由，而以他人之自由为界。用此则无前弊矣。"斯宾塞《群谊》一篇，为释此例而作也。晚近欧洲富强之效，识者皆归功于计学，计学者，首于亚丹斯密氏者也。其中亦有最大公例焉，曰："大利所存，必其两益。损人利己非也，损己利人亦非；损下益上非也，损上益下亦非。"其书五卷数十篇，大抵反复明此义耳。故道、咸以来，蠲保商之法，平进出之税，而商务大兴，国民俱富。嗟乎！今然后知道若大路然，斤斤于彼己盈绌之间者之真无当也。

导言十五　最旨

前十四篇，皆诠天演之义，得一一复按之。第一篇，明天道之常变，其用在物竞与天择；第二篇，标其大义，见其为万化之宗；第三篇，专就人道言之，以异、择、争三者，明治化之所以进；第四篇，取譬园夫之治园，明天行人治之必相反；第五篇，言二者虽反，而同出一原，特天行则恣物之争而存其宜，人治则致物之宜，以求得其所祈向者；第六篇，天行既泯，物竞斯平，然物具肖先而异之性，故人治所以范物，使日进善而不知，此治化所以大足恃也；第七篇，更以垦土建国之事，明人治之正术；第八篇，设其民日滋，而有神圣为之主治，其道固可以法园夫；第九篇，见其术之终穷，穷则大行复兴，人治中废；第十篇，论所以救庶之术，独有耘莠存苗，而以人耘人，其术必不可用；第十一篇，言群出于天演之自然，有能群之天倪，而物竞为炉锤。人之始群，不异昆虫禽兽也；第十二篇，言人与物之不同，一曰才无不同，一曰自营无艺。二者皆争之器，而败群之凶德也，然其始则未尝不用是以自存；第十三篇，论能群之吉德，感通为始，天良为终。人有天良，群道乃固；第十四篇，明自营虽凶，亦在所用。而克己至尽，未或无伤。

今者统十四篇之所论而观之，知人择之术，可行诸草木禽兽之中，断不可用诸人群之内。姑无论智之不足恃也，就令足恃，亦将使恻隐仁爱之风衰，而其群以涣。且充其类而言，凡恤罢癃、养残疾之政，皆与其治相舛而不行，直至医药治疗之学可废，而男女之合，亦将如会聚牸牝之为，而骥夫妇之伦而后可。狭隘酷烈之法深，而慈惠哀怜之意少。数传之后，风俗遂成，斯群之善否不可知，而所恃以相维相保之天良，其有存者不可寡欤？故曰：以人择求强，而其效适以得弱。盖过庶之患，难图如此。虽然，今者天下非一家也，五洲之民非一种也。物竞之水深火烈，时平则隐于通商庀工之中，世变则发于战伐纵横之际。是中天择之效，所眷而存者云何？群道所因以进退者奚若？国家将安所恃而有立于物竞之余？虽其理诚奥博，非区区导言所能尽，意者深察世变之士，可思而得其大致于言外矣夫？

复案：赫胥黎氏是书大指，以物竞为乱源，而人治终穷于过庶。此其持论所以与斯宾塞氏大相径庭，而谓太平为无是物也。斯宾塞则谓事迟速不可知，而人道必成于郅治。其言曰[1]：今若据前事以推将来，则知一群治化将开，其民必庶。始也以猛

[1]《生学天演》第十三篇《论人类究竟》。——译者注

兽毒虫为患，庶则此患先祛。然而种分壤据，民之相残，不啻毒虫猛兽也。至合种成国，则此患又减，而转患孳乳之寖多。群而不足，大争起矣。使当此之时，民之性情知能，一如其朔，则其死率，当与民数作正比例。其不为正比例者，必其食裕也；而食之所以裕者，又必其相为生养之事进而后能。于此见天演之所以陶熔民生，与民生之自为体合[1]。体合者，进化之秘机也。虽然，此过庶之压力，可以裕食而减；而过庶之压力，又终以孳生而增。民之欲得者，常过其所已有。汲汲以求，若有阴驱潜率之者。亘古民欲，固未尝有见足之一时。故过庶压力，终无可免，即天演之用，终有所施。其间转徙垦屯，举不外一时挹注之事。循是以往，地球将实，实则过庶压力之量，与俱盈矣。故生齿日繁，过于其食者，所以使其民巧力才智，与自治之能，不容不进之因也。惟其不能不用，故不能不进，亦惟常用，故常进也。举凡水火工虞之事，要皆民智之见端，必智进而后事进也。事既进者，非智进者莫能用也。格致之家，孜孜焉以尽物之性为事。农工商之民，据其理以善术，而物产之出也，以之益多。非民智日开，能为是乎？十顷之田，今之所获，倍于往岁，其农必通化殖之学，知水利，谙新机，而已与佣之巧力，皆臻至巧而后可。制造之工，朝出货而夕售者，其制造之器，其工匠之巧，皆不可以不若人明矣。通商之场日广，业是者，于物情必审，于计利必精，不然，败矣！商战烈，则子钱薄，故用机必最省费者，造舟必最合法者，御舟必最巧习者，而后倍称之息收

[1] 物自变其形，能以合所遇之境，天演家谓之体合。——译者注

焉。诸如此伦，苟求其原，皆一群过庶之压力致之耳。盖恶劳好逸，民之所同。使非争存，则耳目心思之力皆不用。不用则体合无由，而人之能事不进。是故天演之秘，可一言而尽也。天惟赋物以孳乳而贪生，则其种自以日上。万物莫不如是，人其一耳。进者存而传焉，不进者病而亡焉，此九地之下，古兽残骨之所以多也。一家一国之中，食指徒繁，而智力如故者，则其去无噍类不远矣。夫固有与争存而夺之食者也，不见前之爱尔兰乎？生息之伙，均诸圈牢。然其究也，徒以供沟壑之一饱。饥馑疾疫，刀兵水旱，有不忍卒言者。凡此皆人事之不臧，非天运也。然以经数言之，则去者必其不善自存者也。其有孑遗而长育种嗣者，必其能力最大，抑遭遇最优，而为天之所择者也。故宇宙妨生之物至多，不仅过庶一端而已。人欲图存，必用其才力心思，以与是妨生者为斗。负者日退，而胜者日昌。胜者非他，智德力三者皆大是耳。三者大而后与境相副之能恢，而生理乃大备。且由此而观之，则过庶者非人道究竟大患也。吾是书前篇，于生理进则种贵，而孳乳用稀之理，已反复辨证之矣。盖种贵则其取精也，所以为当躬之用者日奢，以为嗣育之用者日啬。一人之身，其情感论思，皆脑所主，群治进，民脑形愈大，襞积愈繁，通感愈速。故其自存保种之能力，与脑形之大小有比例；而察物穷理，自治治人，与夫保种治谋之事，则与脑中襞积繁简为比例。然极治之世，人脑重大繁密固矣，而情感思虑，又至赜至变，至广至玄。其体既大，其用斯宏，故脑之消耗，又与其用情用思之多寡、深浅、远近、精粗为比例。三比例者合，故人当此时，其取物之精，所以资辅益填补此脑者最费。脑之事费，则生生之事廉矣。物固莫能两大也。今日欧民之脑，方之野蛮，已此十而彼七；即其中襞积复叠，亦野蛮少而浅，而欧民多且深。则继今以往，脑之为变如何，可前知也。此其消长盈虚之故，其以物竞天择之用而脑大者存乎？抑体合之为，必得脑之益繁且灵者，以与蕃变广玄之事理相副乎？此吾所不知也。知者用奢于此，则必啬于彼。而郅治之世，用脑之奢，又无疑也。吾前书证脑进者成丁迟[1]，又证男女情欲当极炽时，则思力必逊。而当思力大耗，如初学人攻苦思索算学难题之类，则生育能事，往往抑沮不行。统此观之，则可知群治进极，宇内人满之秋，过庶不足为患。而斯人孳生迟速，与其国治化浅深，常有反比例也。斯宾塞之言如此，自其说出，论化之士十八九宗之，计学家柏捷特[2]著《格致治平相关论》[3]，多取其说。夫种下者多子而子夭，种贵者少子而子寿，此天演公例。自草木虫鱼，以至人类，所随地可察者，斯宾氏之说，岂不然哉？

导言十六　进微

前论谓治化进则物竞不行固矣，然此特天行之物竞耳。天行物竞者，救死不给，民争食也，而人治之物竞犹自若也。人治物竞者，趋于荣利，求上人也。惟物竞长存，而后主治者可以操砥砺之权，以砻琢天下。夫所谓主治者，或独具全权之君主；或数贤监国，如古之共

[1] 谓牝牡为合之时。——译者注

[2] 柏捷特：即沃尔特 · 巴杰特（1826—1877），英国经济学家、批评家。

[3]《格致治平相关论》：英译本名 *Physics and Polities*。钟建闳有汉文译本《物理与政理》。

和；或合通国民权，如今日之民主。其制虽异，其权实均，亦各有推行之利弊。[1] 要之其群之治乱强弱，则视民品之隆污，主治者抑其次矣。然既曰主治，斯皆有导进其群之能。课其为术，乃不出道、齐、举错，与夫刑赏之间已耳。主治者悬一格以求入，曰：必如是，吾乃尊显爵禄之，使所享之权与利，优于常伦焉，则天下皆奋其才力心思，以求合于其格，此必然之数也。其始焉为竞，其究也成习。习之既成，则虽主治有不能与其群相胜者。后之衰者驯至于亡，前之利者适成其弊。导民取舍之间，其机如此。是故天演之事，其端恒娠于至微，而为常智之所忽。及蒸为国俗，沦浃性情之后，悟其为弊，乃谋反之。操一苇以障狂澜，酾杯水以救燎原，此亡国乱群，所以相随属也。不知一群既涣，人治已失其权，即使圣人当之，亦仅能集散扶衰，勉企最宜，以听天事之抉择。何则？天演之效，非一朝夕所能为也。

是故人治天演，其事与动植不同，事功之转移易，民之性情气质变化难。持今日之英伦，以与图德之朝[2] 相较[3]，则贫富强弱，相殊远矣。而民之官骸性情，若无少异于其初。词人狭斯丕尔[4] 之所写生，方今之人，不仅声音笑貌同也，凡相攻相感不相得之情，又无以异。苟谓民品之进，必待治化既上，天行尽泯，而后有功，则自额勒查

[1] 案：今泰西如英、德各邦，多三合用之，以兼收其益，此国主而外，所以有爵民二议院也。——译者注

[2] 图德之朝：即都铎王朝（1485—1603）。

[3] 自查理第七至女主额勒查白，是为图德之代，起明成化二十一年至万历三十一年。——译者注

[4] 狭，万历间英国词曲家，其传作大为各国所传译，宝贵也。——译者注（狭斯丕尔：即莎士比亚（1564—1616），英国剧作家、诗人。）

白[1]以至维多利亚[2]，此两女主三百余年之间，英国之兵争盖寡，无炽然用事之天行也。择种留良之术，虽不尽用，间有行者。刑罚非不中也，害群之民，或流之，或杀之，或锢之终身焉。又以游惰呰窳者之种下也，振贫之令曰：凡无业仰给县官者，男女不同居。凡此之为，皆意欲绝不肖者，传衍种裔，累此群也。然而其事卒未尝验者，则何居？盖如是之事，合通国而计之，所及者隘，一也；民之犯法失业，事常见诸中年以后，刑政未加乎其身，此凶民惰民者，已婚嫁而育子矣，又其一也。且其术之穷不止此，世之不幸罹文网，与无操持而惰游者，其气质种类，不必皆不肖也。死因贫乏，其受病虽恒在夫性情，而大半则缘乎所处之地势。英谚有之曰："粪在田则为肥，在衣则为不洁。"然则不洁者，乃肥而失其所者也。故豪家土苴金帛，所以扬其惠声；而中产之家，则坐是以冻馁。猛毅致果之性，所以成大将之威名；仰机射利之奸，所以致驵商之厚实。而用之一不当，则刀锯囹圄从其后矣。由此而观之，彼被刑无赖之人，不必由天德之不肖，而恒由人事之不详也审矣。今而后知绝其种嗣俾无遗育者之真无当也。今者即英伦一国而言之，挽近二百年治功所进，几于绝景而驰，至其民之气质性情，尚无可指之进步。而欧墨物竞炎炎，天演为炉，天择为冶，所骎骎日进者，乃在政治、学术、工商、兵战之间。呜呼，可谓奇观也已！

复案：天演之学，肇端于地学之殭石、古兽。故其计数，动逾亿年，区区数千年数百年之间，固不足以见其用事也。曩拿

[1] 额勒查白：即伊丽莎白一世（1533—1603），英国都铎王朝女王。

[2] 维多利亚：英国女王（1819—1901）。

破仑第一入埃及时，法人治生学者，多挟其数千年骨董归而验之，觉古今人物，无异可指，造化模范物形，极渐至微，斯可见矣。虽然，物形之变，要皆与外境为对待。使外境未尝变，则宇内诸形，至今如其朔焉可也。惟外境既迁，形处其中，受其逼拶，乃不能不去故以即新。故变之疾徐，常视逼拶者之缓急。不可谓古之变率极渐，后之变率遂常如此而不能速也。即如以欧洲政教、学术、农工、商战数者而论，合前数千年之变，殆不如挽近之数百年。至最后数十年，其变弥厉。故其言曰：耶稣降生二千年时，世界如何，虽至武断人不敢率道也。顾其事有可逆知者：世变无论如何，终当背苦而向乐。此如动植之变，必利其身事者而后存也。至于种胤之事，其理至为奥博难穷，诚有如赫胥氏之说者。即如反种一事，生物累传之后，忽有极似远祖者，出于其间，此虽无数传无由以绝。如至今马种，尚有忽出遍体虎斑，肖其最初芝不拉[1]野种者[2]。驴种亦然，此二物同原证也。芝不拉之为驴马，则京垓年代事矣。达尔文畜鸽，亦往往数十传后，忽出石鸽野种也。又每有一种受性偏胜，至牉合得宜，有以相剂，则生子胜于二亲，此生学之理，亦古人所谓“男女同姓，其生不蕃”，理也。惟牉合有宜不宜，而后瞽瞍生舜，尧生丹朱，而汉高、吕后之悍鸷，乃生孝惠之柔良，可得而微论也。此理所关至钜，非遍读西国生学家书，身考其事数十年，不足以与其秘耳。

---

[1] 芝不拉：即斑马。

[2] 或谓此即《汉书》所云天马。——译者注

导言十七　善群

今之竞于人群者，非争所谓富贵优厚也耶？战而胜者在上位，持粱齧肥，驱坚策骄，而役使夫其群之众；不胜者居下流，其尤病者，乃无以为生，而或陷于刑罔。试合英伦通国之民计之，其战而如是胜者，百人之内，几几得二人焉；其赤贫犯法者，亦不过百二焉。恐议者或以为少也，吾乃以谓百得五焉可乎？然则前所谓天行之虐，所见于此群之中，统而核之，不外二十得一而已。是二十而一者，溽然在泥涂之中，日有寒饥之色，周其一身者，率猥陋不蠲，不足以遂生致养，嫁娶无节，蕃息之易，与圈牢均。故其儿女，虽以贫露多不育者，然其生率常过于死率也。虽然，彼贫贱者，固自为一类也。此二十而一者，固不能于二十而十九者，有选择举错之权也。则群之不进，非其罪也。设今有牧焉，于其千羊之内，简其最下之五十羊，驱而置之硗埆不毛之野，任其弱者自死，强者自存，夫而后驱此后亡者还入其群，以并畜同牧之，是之牧为何如牧乎？此非过事之喻也，不及事之喻也。何则？今吾群之中，是饥寒罹文网者，尚未为最弱极愚之种，如所谓五十羊者也。且今之竞于富贵优厚者，当何如而后胜乎？以经道言之，必其精神强固者也，必勤足赴功者也，必智足以周事，忍足济事者也；又必其人之非甚不仁，而后有外物之感孚，而恒有徒党之己助，此其所以为胜之常理也。

然而世有如是之民，竞于其群之中，而又不必胜者则又何也？曰世治之最不幸，不在贤者之在下位而不能升，而在不贤者之在上位而无由降。门第、亲戚、援与、财贿、例故，与夫主治者之不明而自私，之数者皆其沮降之力也。譬诸重浊之物，傅以气脬、木皮；又如不能游者，挟救生之环，此其所以为浮，而非其物之能溯洄凫没以自举而上也。使一日者，取所傅而去之，则本地亲下，必终归于其所。而物竞天择之用，将使一国之众，如一壶之水然，熨之以火，而其中无数莫破质点，暖者自升，冷者旋降，回转周流，至于同温等热而后已。是故任天演之自然，而去其牵沮之力，则一群之众，其战胜而亨，而为斯群之大分者，固不必最宜，将皆各有所宜，以与其群相结。其为数也既多，其合力也自厚，其孳生也自蕃。夫以多数胜少数者，天之道也，而又何虑于前所指二十而一之莠民也哉！此善群进种之至术也。

今夫一国之治，自外言之，则有邦交；自内言之，则有民政。邦交民政之事，必操之聪明强固、勤习刚毅而仁之人，夫而后国强而民富者，常智所与知也。由吾之术，不肖自降，贤者自升，邦交、民政之事，必得其宜者为之主，且与时偕行，流而不滞，将不止富强而已，抑将有进种之效焉。此固人事之足恃，而有功者矣。夫何必择种留良，如园夫之治草木哉？

复案：赫胥黎氏是篇，所谓去其所傅者，最为有国者所难能。能则其国无不强，其群无不进者。此质家亲亲，必不能也；文家尊尊，亦不能也；惟尚贤课名实者能之。尚贤则近墨，课名实则近于申、商。故其为术，在中国中古以来，罕有用者，而用者乃在今日之西国。英伦民气最伸，故其术最先用，用之亦最有功。如广立民报，而守直言不禁之盟。[1] 保、公二党，递主国成，

[1] 宋宁宗嘉定七年，英王约翰*与其民所立约，名《马格那吒达》**，华言大典。——译者注

* 约翰：英国君主（1167—1216）。

** 《马格那吒达》：英译本名 *Magna Charta*，即《大宪章》。

以互相稽察。凡此之为，皆惟恐所傅者不去故也。斯宾塞群学保种公例二，曰：凡物欲种传而盛者，必未成丁以前，所得利益，与其功能作反比例；既成丁之后，所得利益，与功能作正比例。反是者衰灭。其《群谊篇》立进种大例三：一曰民既成丁，功食相准；二曰民各有畔，不相侵欺；三曰两害相权，己轻群重。此其言乃集希腊、罗马与二百年来格致诸学之大成，而施诸邦国理平之际。有国者安危利菑则亦已耳，诚欲自存，赫、斯二氏之言，殆无以易也。赫所谓去其所傅，与斯所谓功食相准者，言有正负之殊，而其理则一而已矣。

导言十八 新反

前言园夫之治园也，有二事焉：一曰设其宜境，以遂群生；二曰芸其恶种，使善者传。自人治而言之，则前者为保民养民之事，后者为善群进化之事。善群进化，园夫之术，必不可行，故不可以力致。独主持公道，行尚贤之实，则其治自臻。然古今为治，不过保民养民而已。善群进化，则期诸教民之中，取民同具之明德，固有之知能，而日新扩充之，以为公享之乐利。古之为学也，形气、道德歧而为二，今则合而为一。所讲者虽为道德治化，形上之言，而其所由径术，则格物家所用以推证形下者也。撮其大要，可以三言尽焉。始于实测，继以会通，而终于试验。三者阙一，不名学也。而三者之中，则试验为尤重。古学之逊于今，大抵坐阙是耳。凡政教之所施，皆用此术以考核扬搉之，由是知其事之窒通与能得所祈向否也。天行物竞，既无由绝于两间。诚使五洲有大一统之一日，书车同其文轨，刑赏出于一门，人群太和，而人外之争，尚自若也；过庶之祸，莫可逃也。人种之先，既以自营不仁，而独伸于万物矣。绵传虽远，恶本仍存。呱呱坠地之时，早含无穷为己之性，故私一日不去，争一日不除。争之未除，天行犹用，如日之照，夫何疑焉。假使后来之民，得纯公理而无私欲，此去私者，天为之乎？抑人为之乎？吾今日之智，诚不足以知之。然而一事分明，则今日之民，既相合群而不散处于独矣，苟私过用，则不独必害于其群，亦且终伤其一己。何者？托于群而为群所不容故也。故成已成人之道，必在惩忿窒欲，屈私为群。此其事诚非可乐，而行之其效之美，乃不止于可乐。

夫人类自其天秉而观之，则自致智力，加之教化道齐，可日进于无疆之休，无疑义也。然而自夫人之用智用仁，虽圣哲不能无过；自天行终与人治相反，而时时欲毁其成功；自人情之不能无怨怼，而尚觊觎其所必不可几；自夫人终囿于形气之中，其知识无以窥天事之至奥。夫如是而曰人道有极美备之一境，有善而无恶，有乐而无忧，特需时以待之，而其境必自至者，此殆理之所必无，而人道之所以足闵叹也。窃尝谓此境如割锥术中，双曲线之远切线，可日趋于至近，而终不可交。虽然，既生而为人矣，则及今可为之事亦众矣。邃古以来，凡人类之事功，皆所以补天辅民者也。已至者无隳其成功，未至者无怠于精进，则人治与日月俱新，有非前人所梦见者。前事具在，岂不然哉！夫如是以保之，夫如是以将之。然而形气内事，皆抛物线也。至于其极，不得不反。反则大宇之间，又为天行之事。人治以渐，退归无权，我曹何必取京垓世劫以外事，忧海水之少，而以泪益之也哉？

复案：有叩于复者曰：人道以苦乐为究竟乎？以善恶为究竟乎？应之曰：以苦乐为究竟，而善恶则以苦乐之广狭为分。乐者为善，苦者为恶，苦乐者所视以定善恶者也。使苦乐同体，则善恶之界混矣，又乌所谓究竟者乎？曰：然则禹、墨之胼茧非，而桀、跖之恣横是矣。曰：论人道务通其全而观之，不得以一曲论也。人度量相越远，所谓苦乐，至为不齐。故人或终身汲汲于封殖，或早夜遑遑于利济。当其得之，皆足自乐，此其一也。且夫为人之士，摩顶放踵以利天下，亦谓苦者吾身，而天下缘此而乐者众也。使无乐者，则摩放之为，无谓甚矣。慈母之于子也，劬劳顾恤，若忘其身，母苦而子乐也。至得其所求，母且即苦以为乐，不见苦也。即如婆罗旧教苦行熏修，亦谓大苦之余，偿我极乐，而后从之。然则人道所为，皆背苦而趋乐。必有所乐，始名为善，彰彰明矣。故曰善恶以苦乐之广狭分也。

然宜知一群之中，必彼苦而后此乐，抑己苦而后人乐者，皆非极盛之世。极盛之世，人量各足，无取挹注。于斯之时，乐即为善，苦即为恶。故曰善恶视苦乐也。前吾谓西国计学为亘古精义、人理极则者，亦以其明两利为真利耳。由此观之，则赫胥氏是篇所称屈己为群为无可乐，而其效之美，不止可乐之语，于理荒矣。且吾不知可乐之外，所谓美者果何状也。然其谓郅治如远切线，可近不可交，则至精之譬。又谓世间不能有善无恶，有乐无忧，二语亦无以易。盖善乐皆对待意境，以有恶忧而后见。使无后二，则前二亦不可见。生而瞽者不知有明暗之殊，长处寒者不知寒，久处富者不欣富，无所异则即境相忘也。曰：然则郅治极休，如斯宾塞所云云者，固无有乎？曰：难言也。大抵宇宙究竟与其元始，同于不可思议。不可思议云者，谓不可以名理论证也。吾党生于今日，所可知者，世道必进，后胜于今而已。至极盛之秋，当见何象，千世之后，有能言者，犹旦暮遇之也。

天演论下

论一　能实

道每下而愈况，虽在至微，尽其性而万物之性尽，穷其理而万物之理穷，在善用吾知而已矣，安用骛远穷高，然后为大乎？[1]今夫策两缄以为郛，一房而数子，瞀然不盈匊之物也。然使艺者不违其性，雨足以润之，日足以暄之，则无几何，其力之内蕴者敷施，其质之外附者翕受；始而萌芽，继乃引达，俄而布蔆，俄而坚熟，时时蜕其旧而为新，人弗之觉也，觉亦弗之异也。睹非常则惊，见所习则以为不足察，此终身由之而不知其道者，所以众也。夫以一子之微，忽而有根荄、支干、花叶果实，非一曙之事也。其积功累勤，与人事之经营裁斫，异而实未尝异也。一鄂一柎，极之微尘质点，其形法模式，苟谛而视之，其结构勾联，离娄历鹿，穷精极工矣，又皆有不易之天则，此所谓至赜而不可乱者也。一本之植也，析其体则为分官，合其官则

[1] 柏庚*首为此言。其言曰：格致之事，凡为真宰之所笃生，斯为吾人之所应讲。天之生物，本无贵贱轩轻之心，故以人意轩轻贵贱之者，其去道固已远矣。尚何能为格致之事乎？——译者注

* 柏庚：即培根（1561—1626），英国哲学家。

为具体。根干以吸土膏也，支叶以收炭气也；色非虚设也，形不徒然也[1]，翕然通力合作，凡以遂是物之生而已。是天工也，特无为而成，有真宰而不得其朕耳。今者一物之生，其形制之巧密既如彼，其功用之美备又如此，顾天乃若不甚惜焉者，蔚然茂者，浸假而凋矣；荧然晖者，浸假而瘁矣。夷伤黄落，荡然无存。存者仅如他日所收之实，复以函生机于无穷，至哉神乎！其生物不测有若是者。

今夫易道周流，耗息迭用，所谓万物一圈者，无往而不遇也。不见小儿抛堶者乎？过空成道，势若垂弓，是名抛物曲线[2]。从其渊而平分之，前半扬而上行，后半陁而下趋。此以象生理之从虚而息，由息乃盈，从盈得消，由消反虚。故天演者如网如箠。又如江流然，始滥觞于昆仑，出梁益，下荆扬，洋洋浩浩，趋而归海，而兴云致雨，则又反宗。始以易简，伏变化之机，命之曰储能；后渐繁殊，极变化之致，命之曰效实。储能也，效实也，合而言之天演也。此二仪之内，仰观俯察，远取诸物，近取诸身，所莫能外也。

希腊理家额拉吉来图[3]有言：世无今也，有过去有未来，而无现在。譬诸濯足长流，抽足再入，已非前水，是混混者未尝待也。方云一事为今，其今已古。且精而核之，岂仅言之之时已哉！当其涉思，所谓今者，固已逝矣。[4]今然后知静者未觉之动也，平者不喧之争也。

---

[1] 草木有绿精，而后得日光能分炭于炭养。——译者注

[2] 此线乃极狭椭圆两端。假如物不为地体所隔，则将行绕地心，复还所由，抛本处成一椭圆。其二脐点，一即地心，一在地平以上，与相应也。——译者注

[3] 额拉吉来图：即赫拉克利特（约前540—约前480与470之间），古希腊哲学家，爱非斯学派创始人。

[4] 赫胥黎他日亦言：人命如水中漩洑，虽其形暂留，而漩中一切水质刻刻变易。一时推为名言。仲尼川上之叹又曰：回也见新，交臂已故。东西微言，其同若此。——译者注

群力交推，屈申相报，众流汇激，胜负迭乘，广宇悠宙之间，长此摩荡运行而已矣。天有和音，地有成器，显之为气为力，幽之为虑为神。物乌乎凭而有色相？心乌乎主而有觉知？将果有物焉，不可名，不可道，以为是变者根耶？抑各本自然，而不相系耶？自麦西[1]、希腊以来，民智之开，四千年于兹矣。而此事则长夜漫漫，不知何时旦也。

复案：此篇言植物由实成树，树复结实，相为生死，如环无端，固矣！而晚近生学家，谓有生者如人禽虫鱼草木之属，为有官之物，是名官品；而金石水土无官，曰非官品。无官则不死，以未尝有生也。而官品一体之中，有其死者焉，有其不死者焉；而不死者，又非精灵魂魄之谓也。可死者甲，不可死者乙，判然两物。如一草木，根荄支干，果实花叶，甲之事也；而乙则离母而转附于子，绵绵延延，代可微变，而不可死。或分其少分以死，而不可尽死，动植皆然。故一人之身，常有物焉，乃祖父之所有，而托生于其身。盖自受生得形以来，递嬗迤转，以至于今，未尝死也。

论二　忧患

大地抟抟，诸教杂糅。自顶蛙拜蛇，迎尸范偶，以至于一宰无神；贤圣之所诏垂，帝王之所制立，司徒之有典，司寇之有刑，虽旨类各殊，何一不因畏天坊民而后起事乎！疾痛惨怛，莫知所由然。然

[1] 麦西：即摩西，或梅瑟。《圣经》中犹太人的领袖。

爱恶相攻，致憾于同种。神道王法，要终本始，其事固尽从忧患生也。然则忧患果何物乎？其物为两间所无可逃，其事为天演所不可离。可逃可离，非忧患也。是故忧患者，天行之用，施于有情，而与知虑并著者也。今夫万物之灵，人当之矣。然自非能群，则天秉末由张皇，而最灵之能事不著。人非能为群也，而不能不为群。有人斯有群矣，有群斯有忧患矣。故忧患之浅深，视能群之量为消长。方其混沌僿野，与鹿豕同，谓之未尝有忧患焉，蔑不可也；进而穴居巢处，有忧患矣，而未撄也；更进而为射猎，为游牧，为猺獠，为蛮夷，撄矣而犹未至也；独至伦纪明，文物兴，宫室而耕稼，丧祭而冠婚，如是之民，夫而后劳心钵心，计深虑远，若天之胥靡，而不可弛耳。咸其自至，而虐之者谁欤？夫转移世运，非圣人之所能为也。圣人亦世运中之一物也，世运至而后圣人生。世运铸圣人，非圣人铸世运也。使圣人而能为世运，则无所谓天演者矣。

民之初生，固禽兽也。无爪牙以资攫拏，无毛羽以御寒暑；比之鸟则以手易翼而无与于飞，方之兽则减四为二而不足于走。夫如是之生，而与草木禽兽樊然杂居，乃岿然独存于物竞最烈之后，且不仅自存，直褎然有以首出于庶物，则人于万类之中，独具最宜而有以制胜也审矣。岂徒灵性有足恃哉！亦由自营之私奋耳。然则不仁者，今之所谓凶德，而夷考其始，乃人类之所恃以得生。深于私，果于害，夺焉而无所与让，执焉而无所于舍，此皆所恃以为胜也。是故浑荒之民，合狙与虎之德而兼之，形便机诈，好事效尤，附之以合群之材，重之以贪戾、狠鸷，好胜无所于屈之风。少一焉，其能免于阴阳之患，而不为外物所吞噬残灭者寡矣。而孰知此所恃以胜物者，浸假乃转以自伐耶！何以言之？人之性不能不为群，群之治又不能不日进；群之治日进，则彼不仁者之自伐亦日深。人之始与禽兽杂居者，不知其几千万岁也。取于物以自养，习为攘夺不仁者，又不知其几千百世也。其习之于事也既久，其染之于性也自深。气质虪成，流为种智，其治化虽进，其萌柹仍存。嗟夫！此世之所以不善人多，而善人少也。夫自营之德，宜为散，不宜为群；宜于乱，不宜于治，人之所深知也。

昔之所谓狙与虎者，彼非不欲其尽死，而化为麟凤、驺虞也。而无如是狒狒、眈眈者卒不可以尽伏。向也，资二者之德而乐利之矣，乃今试尝用之，则乐也每不胜其忧，利也常不如其害。凶德之为虐，较之阴阳外物之患，不啻过之。由是悉取其类，揭其名而僇之，曰过，曰恶，曰罪，曰孽；又不服，则鞭笞之，放流之，刀锯之，斧钺之。甚矣哉！群之治既兴，是狙与虎之无益于人，而适用以自伐也，而孰谓其始之固赖是以存乎！是故忧患之来，其本诸阴阳者犹之浅也，而缘诸人事者乃至深。六合之内，天演昭回，其奥衍美丽，可谓极矣，而忧患乃与之相尽。治化之兴，果有以袪是忧患者乎？将人之所为，与天之所演者，果有合而可奉时不违乎？抑天人互殊，二者之事，固不可以终合也。

论三　教源

大抵未有文字之先，草昧敦庞，多为游猎之世。游，故散而无大群；猎，则戕杀而鲜食，凡此皆无化之民也。迨文字既兴，斯为文明之世。文者言其条理也，明者异于草昧也。出草昧，入条理，非有化者不能。然化有久暂之分，而治亦有偏赅之异。自营不仁之气质，变化綦难，而仁让乐群之风，渐摩日浅，势不能以数千年之磨洗，去数十百万年之沿习。故自有文字洎今，皆为嬗蜕之世，此言治者所要知也。考天演之学，发于商周之间，欧亚之际，而大盛于今日之泰西。此由人心之灵，莫不有知，而死生荣悴，昼夜相代夫前，妙道之行，昭昭然若揭日月。所以先觉之俦，玄契同符，不期自合，分涂异唱，殊致同归。凡此二千五百余载中，泰东西前识大心之所得，微言具在，不可诬也。

虽然，其事有浅深焉。昔者姬周之初，额里思[1]、身毒诸邦，抢攘昏垫，种相攻灭。迨东迁以还，二土治化，稍稍出矣。盖由来礼乐之兴，必在去杀胜残之后。民惟安生乐业，乃有以自奋于学问思索之中，而不忍于芸芸以生，昧昧以死。前之争也，争夫其所以生；后之争也，争夫其不虚生；其更进也，则争有以充天秉之能事，而无与生俱尽焉。善夫柏庚之言曰："学者何？所以求理道之真；教者何？所以求言行之是。然世未有理道不真，而言行能是者。东洲有民，见蛇而拜，曰：是吾祖也。使真其祖，则拜之是矣，而无知其误也。是故教与学相衡，学急于教。而格致不精之国，其政令多乖，而民之天秉郁矣。"由柏氏之语而观之，吾人日讨物理之所以然，以为人道之所当然，所孜孜于天人之际者，为事至重，而岂游心冥漠，勤其无补也哉！

顾争生已大难，此微论蹄迹交午之秋，击鲜艰食之世也。即在今日，彼持肥曳轻，而不以生事为累者，什一千百而外，有几人哉？至于过是所争，则其愿弥奢，其道弥远；其识弥上，其事弥勤。凡为此者，乃贤豪圣哲之徒，国有之而荣，种得之而贵，人之所赖以日远禽

[1] 额里思：即希腊。

兽者也，可多得哉！可多得哉！然而意识所及，既随格致之业，日以无穷，而吾生有涯，又不能不远瞩高瞻，要识始之从何来，终之于何往。欲通死生之故，欲通鬼神之情状，则形气限之。而人海茫茫，弥天忧患，欲求自度于缺憾之中，又常苦于无术。观摩揭提[1]标教于苦海，爱阿尼[2]诠旨于逝川，则知忧与生俱，古之人不谋而合。而疾痛劳苦之事，乃有生对待，而非世事之傥来也。是故合群为治，犹之艺果莳花；而声明、文物之末流，则如唐花之暖室。何则？文胜则饰伪世滋，声色味意之可欣日侈，而聋盲爽发狂之患，亦以日增。其聪明既出于颛愚，其感慨于性情之隐者，亦微渺而深挚。是以乐生之事，虽酞郁闲都，雍容多术，非僿野者所与知，而哀情中生，其中之之深，亦较朴鄙者为尤酷。于前事多无补之悔吝，于来境深不测之忧虞。空想之中，别生幻结，虽谓之地狱生心，不为过也。且高明荣华之事，有大贼焉，名曰“倦厌”。烦忧郁其中，气力耗于外。“倦厌”之情，起而乘之。则向之所欣，俯仰之间，皆成糟粕。前愈酞至，后愈不堪。及其终也，但觉吾生幻妄，一切无可控揣。而尚犹恋恋为者，特以死之不可知故耳。呜呼！此释、景、犹[3]、回诸教所由兴也。

复案：世运之说，岂不然哉！合全地而论之，民智之开，莫盛于春秋战国之际：中土则孔、墨、老、庄、孟、荀以及战国诸子，尚论者或谓其皆有圣人之才。而泰西则有希腊诸智者。印度则有佛。佛生卒年月，迄今无定说。摩腾对汉明帝云：生周昭王

---

[1] 摩揭提：印度教及佛教神灵，帝释天的前身。

[2] 爱阿尼：即爱奥尼亚，赫拉克利特诞生于爱奥尼亚的以弗所，严复用其代赫氏。

[3] 犹：犹太教，犹太人所信奉的宗教。

廿四年甲寅，卒穆王五十二年壬申。隋翻经学士费长房撰《开皇三宝录》云：生鲁庄公七年甲午，以春秋恒星不见，夜明星陨如雨为瑞应，周匡王五年癸丑示灭。《什法师年纪》及《石柱铭》云：生周桓王五年乙丑，周襄王十五年甲申灭度。此外有云佛生夏桀时、商武乙时、周平王时者，莫衷一是。独唐贞观三年，刑部尚书刘德威等，与法琳奉诏详核，定佛生周昭丙寅，周穆壬申示灭。然周昭在位十九年，无丙寅岁，而汉摩腾所云二十四年亦误，当是二人皆指十四年甲寅而传写误也。今年太岁在丁酉，去之二千八百六十五年，佛先耶稣生九百六十八年也。挽近西士于内典极讨论，然于佛生卒，终莫指实，独云先耶稣生约六百年耳，依此则费说近之。佛成道当在定、哀间，与宣圣为并世，岂夜明诸异，与佛书所谓六种震动，光照十方国土者同物欤？鲁与摩揭提东西里差，仅三十余度，相去一时许，同时睹异，容或有之。至于希腊理家，德黎[1]称首，生鲁厘二十四年，德、首定黄赤大距、逆策日食者也。亚诺芝曼德[2]生鲁文十七年，毕达哥拉斯生鲁宣间。毕，天算鼻祖，以律吕言天运者也。芝诺芬尼[3]生鲁文七年，创名学。巴弥匿智[4]生鲁昭六年。般刺密谛生鲁定十年。额拉吉来图生鲁定十三年，首言物性者。安那萨哥拉[5]，安

[1] 德黎：即泰勒斯（约前 624—约前 547），传说为古希腊第一个哲学家。

[2] 亚诺芝曼德：即阿那克西曼德（约前 610—前 546），古希腊哲学家，传为泰勒斯弟子。

[3] 芝诺芬尼：即色诺芬尼（约前 565—约前 473），古希腊哲学家、诗人。

[4] 巴弥匿智：巴门尼德（约前 515—约前 445），古希腊哲学家。

[5] 安那萨哥拉：即阿那克萨哥拉（约前 500—约前 428），古希腊哲学家，著有《论自然》。

息人，生鲁定十年。德摩颉利图[1]生周定王九年，倡莫破质点之说。苏格拉第[2]生周元王八年，专言性理道德者也。亚里大各一名柏拉图，生周考王十四年，理家最著号。亚里斯大德[3]生周安王十八年，新学未出以前，其为西人所崇信，无异中国之孔子。[4]此外则伊壁鸠鲁生周显二十七年，芝诺生周显三年，倡斯多噶学，而以阿塞西烈生周赧初年，卒始皇六年者终焉。盖至是希学支流亦稍涸矣。尝谓西人之于学也，贵独获创知，而述古循辙者不甚重。独有周上下三百八十年之间，创知作者，迭出相雄长，其持论思理，范围后世，至于今二千年不衰。而当其时一经两海，崇山大漠，舟车不通，则又不可以寻常风气论也。呜呼，岂偶然哉！世有能言其故者，虽在万里，不佞将裹粮挟贽从之矣。

论四　严意

欲知神道设教之所由兴，必自知刑赏施报之公始。使世之刑赏施报，未尝不公，则教之兴不兴未可定也。今夫治术所不可一日无，而由来最尚者，其刑赏乎？刑赏者，天下之平也，而为治之大器也。自群事既兴，人与人相与之际，必有其所共守而不畔者，其群始立。其守弥固，其群弥坚；畔之或多，其群乃涣。攻窳、强弱之间，胥视此

[1] 德摩颉利图：即德谟克里特（约前460—约前370），古希腊哲学家，原子论创始人之一。

[2] 苏格拉第：即苏格拉底（前469—前399），古希腊哲学家。

[3] 亚里斯大德：即亚里士多德（前384—前322），古希腊哲学家。

[4] 苏格拉第、柏拉图、亚里斯大德者，三世师弟子，各推师说，标新异为进，不墨守也。——译者注

所共守者以为断，凡此之谓公道。泰西法律之家，其溯刑赏之原也，曰：民既合群，必有群约。且约以驭群，岂惟民哉！彼狼之合从以逐鹿也，飚逝霆击，可谓暴矣。然必其不互相吞噬而后行，是亦约也，岂必载之简书，悬之象魏哉？隤然默喻，深信其为公利而共守而已矣。民之初群，其为约也大类此。心之相喻为先，而文字言说，皆其后也。其约既立，有背者则合一群共诛之；其不背约而利群者，亦合一群共庆之。诛、庆各以其群，初未尝有君公焉，临之以贵势尊位，制为法令，而强之使从也。故其为约也，实自立而自守之，自诺而自责之，此约之所以为公也。夫刑赏皆以其群，而本众民之好恶为予夺，故虽不必尽善，而亦无由奋其私。私之奋也，必自刑赏之权统于一尊始矣。尊者之约，非约也，令也。约行于平等，而令行于上下之间。群之不约而有令也，由民之各私势力，而小役大、弱役强也。无宁惟是，群日以益大矣，民日以益蕃矣，智愚贤不肖之至不齐。政令之所以行，刑罚之所以施，势不得家平而户论也，则其权之日由多而趋寡，由分而入专者，势也。

且治化日进，而通功易事之局成，治人治于人，不能求之一身而备也。矧文法日繁，国闻日富，非以为专业者不暇给也。于是乎则有业为治人之人，号曰士君子。而是群者亦以其约托之，使之专其事而行之，而公出赋焉，酬其庸以为之养，此古今化国之通义也。后有霸者，乘便篡之，易一己奉群之义，为一国奉己之名，久假而不归，乌知非其有乎？挽近数百年，欧罗巴君民之争，大率坐此。幸今者民权日伸，公治日出，此欧洲政治所以非余洲之所及也。虽然，亦复其本所宜然而已。

且刑赏者，固皆制治之大权也。而及其用之也，则刑严于赏。

刑罚世轻世重，制治者，有因时扶世之用焉。顾古之与今，有大不相同者存，是不可以不察也。草昧初民，其用刑也，匪所谓诛意者也。课夫其迹，未尝于隐微之地，加诛求也。然刑者期无刑，而明刑皆以弼教，是故刑罚者，群治所不得已，非于刑者有所深怒痛恨，必欲推之于死亡也。亦若曰：子之所为不宜吾群，而为群所不容云尔。凡以为将然未然者谋，其已然者，固不足与治，虽治之犹无益也。夫为将然未然者谋，则不得不取其意而深论之矣。使但取其迹而诛之，则慈母之折葼，固可或死其子；涂人之抛堶，亦可或杀其邻。今悉取以入“杀人者死”之条，民固将诿于不幸而无辞，此于用刑之道，简则简矣，而求其民日迁善，不亦难哉！何则？过失不幸者，非民之所能自主也，故欲治之克蒸，非严于怙故过眚之分，必不可。刑必当其自作之孽，赏必如其好善之真，夫而后惩劝行，而有移风易俗之效。杀人固必死也，而无心之杀，情有可论，则不与谋故者同科。论其意而略其迹，务其当而不严其比，此不独刑罚一事然也，朝廷里党之间，所以予夺毁誉，尽如此矣。

论五　天刑

今夫刑当罪而赏当功者，王者所称天而行者也。建言有之，天道福善而祸淫，“惠迪吉，从逆凶，惟影响”。吉凶祸福者，天之刑赏欤？自所称而言之，宜刑赏之当，莫天若也。顾僭滥过差，若无可逃于人责者，又何说耶？请循其本。今夫安乐危苦者，不徒人而有是也，彼飞走游泳，固皆同之。诚使安乐为福，危苦为祸；祸者有罪，福者有功，则是飞走游泳者何所功罪，而天祸福之耶？应者曰：否否！飞走游泳之伦，固天所不恤也。此不独言天之不广也，且何所证而云天之独厚于人乎？就如所言，而天之于人也又何如？今夫为善者之不必福，为恶者之不必祸，无文字前尚矣，不可稽矣；有文字来，则真不知凡几也。贪狠暴虐者之兴，如孟夏之草木，而谨愿慈爱，非中正不发愤者，生丁槁饿，死罹刑罚，接踵比肩焉。且祖父之余恶，何为降受之以子孙？愚无知之蒙殃，何为不异于怙贼？一二人狂瞽偾事，而无辜善良，因之得祸者，动以国计，刑赏之公，固如此乎？呜呼！彼苍之愦愦，印度、额里思、斯迈特[1]三土之民，知之审矣。乔答摩《悉昙》之章，《旧约·约伯之记》，与鄂谟[2]之所哀歌，其言天之不吊，何相类也。大水溢，火山流，饥馑疠疫之时行，计其所戕，虽桀纣所为，方之蔑尔。是岂尽恶，而祸之所应加者哉？人为帝王，动云天命矣。而青吉斯[3]凶贼不仁，杀人如剃，而得国幅员之广，两海一经。伊惕卜思[4]，义人也，乃事不自由，至手刃其父，而妻其母。罕木勒特[5]，孝子也，乃以父仇之故，不得不杀其季父，辱其亲母，而自剸刃子胸。此皆历生人之至痛极酷，而非其罪者也，而谁则尸之？夫如是尚得谓冥冥之中，高高在上，有与人道同其好恶，而操是奖善瘅恶者衡耶？

有为动物之学者，得鹿，剖而验之，韧肋而便体，远闻而长胫，

---

[1] 斯迈特：即闪米特。

[2] 或作贺麻*，希腊古诗人。——译者注

* 贺麻：即荷马（约前9世纪—前8世纪），古希腊诗人。

[3] 青吉斯：即成吉思汗（1162—1227），古代蒙古首领、军事家、政治家。

[4] 伊惕卜思*事见希腊旧史，盖幼为父弃，他人收养，长不相知者也。——译者注

* 伊惕卜思：即俄狄浦斯，希腊神话中底比斯王拉伊俄斯之子。

[5] 罕木勒特：即汉姆雷特。

喟然曰：伟哉夫造化！是赋之以善警捷足，以远害自完也。他日又得狼，又剖而验之，深喙而大肺，强项而不疲，怃然曰：伟哉夫造化！是赋之以猛鸷有力，以求食自养也。夫苟自格致之事而观之，则狼与鹿二者之间，皆有以觇造物之至巧，而无所容心于其间。自人之意行，则狼之为害，与鹿之受害，厘然异矣。方将谓鹿为善为良，以狼为恶为虐，凡利安是鹿者，为仁之事；助养是狼者，为暴之事。然而是二者，皆造化之所为也。譬诸有人焉，其右手操兵以杀人，其左能起死而肉骨之，此其人，仁耶暴耶？善耶恶耶？自我观之，非仁非暴，无善无恶，彼方超夫二者之间，而吾乃规规然执二者而功罪之，去之远矣。是故用古德之说，而谓理原于天，则吾将使“理”坐堂上而听断，将见是天行者，已自为其戎首罪魁，而无以自解于万物，尚何能执刑赏之柄，猥曰：作善，降之百祥；作不善，降之百殃也哉？

复案：此篇之理，与《易传》所谓乾坤之道鼓万物，而不与圣人同忧。老子所谓天地不仁，同一理解。老子所谓不仁，非不仁也，出乎仁不仁之数，而不可以仁论也。斯宾塞尔著《天演公例》，谓教、学二宗，皆以不可思议为起点，即竺乾所谓不二法门者也。其言至为奥博，可与前论参观。

论六　佛释

天道难知既如此矣。而伊古以来，本天立教之家，意存夫救世，于是推人意以为天意，以为天者万物之祖，必不如是其梦梦也，则有为天讼直者焉。夫享之郊祀，讯之以蓍龟，则天固无往而不在也。故言灾异者多家，有君子，有小人，而谓天行所昭，必与人事相表里者，则靡不同焉。顾其言多傅会回穴，使人失据。及其敝也，则各主一说，果敢酷烈，相屠戮而乱天下，甚矣，诬天之不可为也。宋、元以来，西国物理日辟，教祸日销。深识之士，辨物穷微，明揭天道必不可知之说，以戒世人之笃于信古，勇于自信者。远如希腊之波尔仑尼，近如洛克、休蒙、汗德诸家，反复推明，皆此志也。而天竺之圣人曰佛陀者，则以是为不足驾说竖义，必从而为之辞，于是有轮回因果之说焉。夫轮回因果之说何？一言蔽之，持可言之理，引不可知之事，以解天道之难知已耳。

今夫世固无所逃于忧患，而忧患之及于人人，犹雨露之加于草木。自其可见者而言之，则天固未尝微别善恶，而因以予夺、损益于其间也。佛者曰：此其事有因果焉。是因果者，人所自为，谓曰天未尝与焉，蔑不可也。生有过去，有现在，有未来，三者首尾相衔，如锒铛之环，如鱼网之目。祸福之至，实合前后而统计之。人徒取其当前之所遇，课其盈绌焉，固不可也。故身世苦乐之端，人皆食其所自播殖者。无无果之因，亦无无因之果。今之所享受者，不因于今，必因于昔；今之所为作者，不果于现在，必果于未来。当其所值，如代数之积，乃合正负诸数而得其通和也。必其正负相抵，通和为无，不数数之事也。过此则有正余焉，有负余焉。所谓因果者，不必现在而尽也。负之未偿，将终有其偿之之一日。仅以所值而可见者言之，则宜祸者或反以福，宜吉者或反以凶，而不知其通核相抵之余，其身之尚有大负也。其伸缩盈朒之数，岂凡夫所与知者哉？自婆罗门以至乔答摩，其为天讼直者如此。此微论决无由审其说之真妄也，就令如是，而天固何如是之不惮烦？又何所为而为此？则亦终不可知而已。虽然，此所谓持之有故，言之成理者欤？遽斥其妄，而以卤莽之意观之，殆不可也。且轮回之说，固亦本之可见之人事、物理以为推，即求之日用常行之间，亦实有其相似。此考道穷神之士，所为乐反覆其说，而求其义之所底也。

论七　种业

理有发自古初，而历久弥明者，其种姓之说乎？先民有云：子孙者，祖父之分身也。人声容气体之间，或本诸父，或禀诸母。凡荟萃此一身之中，或远或近，实皆有其由来。且岂惟是声容气体而已，至于性情为尤甚。处若是境，际若是时，行若是事，其进退取舍，人而不同者，惟其性情异耳，此非偶然而然也。其各受于先，与声容气体无以异也。方孩稚之生，其性情隐，此所谓储能者也。浸假是储能者，乃著而为效实焉。为明为暗，为刚为柔，将见之于言行，而皆可实指矣。又过是则有牝牡之合，苟具一德，将又有他德者与之汇，以深浅、醎醨之。凡其性情，与声容气体者，皆经杂糅以转致诸其胤。盖种姓之说，由来旧矣。

顾竺乾之说，与此微有不同者，则吾人谓父母子孙，代为相传，如前所指，而彼则谓人有后身，不必孙、子。声容气体，粗者固不必传，而性情德行，凡所前积者，则合揉剂和，成为一物，名曰喀尔摩，又曰羯磨，译云种业。种业者，不必专言罪恶，乃功罪之通名，善恶之公号。人惟入泥洹灭度者，可免轮回，永离苦趣，否则善恶虽殊，要皆由此无明，转成业识，造一切业，熏为种子；种必有果，果复生子，轮转生死，无有穷期，而苦趣亦与俱永。生之与苦，固不可离而二也。盖彼欲明生类舒惨之所以不齐，而现前之因果，又不足以尽其所由然，用是不得已而有轮回之说。然轮回矣，使甲转为乙，而甲自为甲，乙自为乙，无一物焉以相受于其间，则又不足以伸因果之说也。于是而羯磨种业之说生焉。所谓业种自然，如恶叉聚者，即此义也。曰恶叉聚者，与前合揉剂和之语同意。盖羯磨世以微殊，因夫过去矣。而现在所为，又可使之进退，此彼学所以重薰修之事也。薰修证果之说，竺乾以此为教宗，而其理则尚为近世天演家所聚讼。夫以受生不同，与修行之得失，其人性之美恶，将由此而有扩充消长之功，此诚不诬之说。顾云是必足以变化气质，则尚有难言者。世固有毕生刻厉，而育子不必贤于其亲；抑或终身慆淫，而生孙乃远胜于厥祖。身则善矣，恶矣，而气质之本然，或未尝变也；薰修勤矣，而果则不必证也。由是知竺乾之教，独谓薰修为必足证果者，盖使居养修行之事，期于变化气质，乃在或然或否之间，则不徒因果之说，将无所施，而吾生所恃以自性自度者，亦从此而尽废。而彼所谓超生死出轮回者，又乌从以致其力乎？故竺乾新旧二教，皆有薰修证果之言，而推其根源，则亦起于不得已也。

复案：三世因果之说，起于印度，而希腊论性诸家，惟柏拉图与之最为相似。柏拉图之言曰：人之本初，与天同体，所见皆理，而无气质之私。以有违误，谪遣人间。既被形气，遂迷本来。然以堕落方新，故有触便悟，易于迷复，此有夙根人所以参理易契也。使其因悟加功，幸而明心见性，洞识本来，则一世之后，可复初位，仍享极乐。使其因迷增迷，则由贤转愚，去天滋远，人道既尽，乃入下生。下生之中，亦有差等。大抵善则上升，恶则下降，去初弥远，复天愈难矣。其说如此，复意：希、印两土相近，柏氏当有沿袭而来。如宋代诸儒言性，其所云明善复初诸说，多根佛书。顾欧洲学者，辄谓柏氏所言，为标己见，与竺乾诸教，绝不相谋。二者均无确证，姑存其说，以俟贤达取材焉。

论八　冥往

考竺乾初法，与挽近斐洛苏非[1]所明，不相悬异。其言物理也，皆有其不变者为之根，谓之曰真、曰净。真、净云者，精湛常然，不随物转者也。净不可以色、声、味、触接。可以色、声、味、触接者，附净发现，谓之曰应、曰名。应、名云者，诸有为法，变动不居，不主故常者也。宇宙有大净曰婆罗门，而即为旧教之号，其分赋人人之净曰阿德门。二者本为同物，特在人者，每为气稟所拘，官骸为囿，而嗜欲哀乐之感，又从而为其一生之幻妄，于是乎本然之体，有不可复识者矣。幻妄既指以为真，故阿德门缠缚沉沦，回转生死，而末由自拔。明哲悟其然也，曰身世既皆幻妄，而凡困苦谬辱之事，又皆生于自为之私，则何如断绝由缘，破其初地之为得乎？于是则绝圣弃智，惩忿窒欲，求所谓超生死而出轮回者。此其道无他，自吾党观之，直不游于天演之中，不从事于物竞之纷纶已耳。夫羯摩种业，既藉薰修锄治而进退之矣，凡粗浊贪欲之事，又可由是而渐消，则所谓自营为

[1] 译言爱智。——译者注

己之深私，与夫恶死蕲生之大惑，胥可由此道焉而脱其梏也。然则世之幻影，将有时而销；生之梦泡，将有时而破。既破既销之后，吾阿德门之本体见，而与明通公溥之婆罗门合而为一。此旧教之上旨，而佛法未出之前，前识之士，所用以自度之术也。顾其为术也，坚苦刻厉，肥遁陆沈。及其道之既成，则冥然罔觉，顽尔无知。自不知者观之，则与无明失心者无以异也。虽然，其道则自智以生，又必赖智焉以运之。譬诸炉火之家，不独于黄白铅汞之性，深知晓然；又必具审度之能，化合之巧，而后有以期于成而不败也。且其事一主于人，而于天焉无所与。运如是智，施如是力，证如是果，其权其效，皆薰修者所独操，天无所任其功过，此正后人所谓自性自度者也。

由今观昔，乃知彼之冥心孤往，刻意修行，诚以谓生世无所逃忧患；且苦海舟流，匪知所届。然则冯生保世，徒为弱丧而不知归，而捐生蕲死，其惑未必不滋甚也。幸今者大患虽缘于有身，而是境悉由于心造，于是有姱心之术焉：凡吾所系悬于一世，而为是心之纠缠者，若田宅，若亲爱，若礼法，若人群，将悉取而捐之。甚至生事之必需，亦裁制抑啬，使之仅足以存而后已。破坏穷乞，佯狂冥痴，夫如是乃超凡离群，与天为徒也。婆罗门之道，如是而已。

论九　真幻

迨乔答摩[1]肇兴天竺，誓拯群生。其宗旨所存，与旧教初不甚远。独至缮性反宗，所谓修阿德门以入婆罗门者，乃若与之迥别。旧教以

[1] 乔答摩或作桥昙弥，或作俱谭，或作瞿昙，一音之转。乃佛姓也。《西域记》本星名，从星立称。代为贵姓，后乃改为释迦。——译者注

婆罗门为究竟，其无形体，无方相，冥灭灰槁，可谓至矣。而自乔答摩观之，则以为伪道魔宗，人入其中，如投罗网。盖婆罗门虽为玄同止境，然但使有物尚存，便可堕入轮转。举一切人天苦趣，将又炽然而兴。必当并此无之，方不授权于物。此释迦氏所为迥绝恒蹊，都忘言议者也。往者希腊智者，与挽近西儒之言性也，曰：一切世法，无真非幻，幻还有真。何言乎无真非幻也？山河大地，及一切形气思虑中物，不能自有，赖觉知而后有。见尽色绝，闻塞声亡。且既赖觉而存，则将缘官为变，目劳则看朱成碧，耳病则蚁斗疑牛。相固在我，非著物也，此所谓无真非幻也。何谓幻还有真？今夫与我接者，虽起灭无常，然必有其不变者以为之根，乃得所附而著，特舍相求实，舍名求净，则又不得见耳。然有实因，乃生相果。故无论粗为形体，精为心神，皆有其真且实者，不变长存，而为是幻且虚者之所主。是知造化必有真宰，字曰上帝；吾人必有真性，称曰灵魂，此所谓幻还有真也。前哲之说，可谓精矣！

然须知人为形气中物，以官接象，即意成知，所了然者，无法非幻已耳。至于幻还有真与否，则断断乎不可得而明也。前人已云：舍相求实，不可得见矣。可知所谓真实，所谓不变长存之主，若舍其接时生心者以为言，则亦无从以指实。夫所谓迹者，履之所出，不当以迹为履，固也，而如履之卒不可见何？所云见果知因者，以他日尝见是因，从以是果故也。今使从元始以来，徒见有果，未尝见因，则因之存亡，又乌从察？且即谓事止于果，未尝有因，如晚近比圭黎[1]所主之说者，又何所据以排其说乎？名学家穆勒氏喻之曰：今有一物于

[1] 比圭黎：即贝克莱（1685—1753），英国哲学家。

此，视之泽然而黄，臭之郁然而香，抚之挛然而圆，食之滋然而甘者，吾知其为橘也。设去其泽然黄者，而无施以他色；夺其郁然香者，而无畀以他臭；毁其挛然圆者，而无赋以他形；绝其滋然甘者，而无予以他味，举凡可以根尘接者，皆褫之而无被以其他，则是橘所余留为何物耶？名相固皆妄矣，而去妄以求其真，其真又不可见，则安用此茫昧不可见者，独宝贵之以为性真为哉？故曰幻之有真与否，断断乎不可知也。虽然，人之生也，形气限之，物之无对待而不可以根尘接者，本为思议所不可及。是故物之本体，既不敢言其有，亦不得遽言其无。故前者之说，未尝固也。悬揣微议，而默于所不可知。独至释迦，乃高唱大呼，不独三界四生，人天魔龙，有识无识，凡法轮之所转，皆取而名之曰幻。其究也，至法尚应舍，何况非法。此自有说理以来，了尽空无，未有如佛者也。

复案：此篇及前篇所诠观物之理，最为精微。初学于名理未熟，每苦难于猝喻，顾其论所关甚巨。自希腊倡说以来，至有明嘉靖隆、万之间，其说始定。定而后新学兴，此西学绝大关键也。鄙人谫陋，才不副识，恐前后所翻，不足达作者深旨，转贻理障之讥。然兹事体大，所愿好学深思之士，反复勤求，期于必明而后措，则继今观理，将有庖丁解牛之乐，不敢惮烦，谨为更敷其旨。法人特嘉尔[1]者，生于一千五百九十六年。少羸弱，而绝颖悟。从耶稣会神父学，声入心通，长老惊异。每设疑问，其师辄穷置对。目睹世道晦盲，民智僿野，而束教囿习之士，动以

[1] 特嘉尔：即笛卡儿（1596—1650），法国哲学家、物理学家、数学家、生理学家，近代唯理论的创始人。

古义相劫特，不察事理之真实。于是倡尊疑之学，著《道术新论》，以剽击旧教。曰：“吾所自任者无他，不妄语而已。理之未明，虽刑威当前，不能讳疑而言信也。学如建大屋然，务先立不可撼之基。客土浮虚，不可任也。掘之穿之，必求实地。有实地乎，事基于此；无实地乎，亦期瞭然。今者吾生百观，随在皆妄；古训成说，弥多失真，虽证据纷纶，滋偏蔽耳。借思求理，而诐谬之累，即起于思；即识寻真，而迷罔之端，乃由于识。事迹固显然也，而观相乃互乖；耳目固最切也，而所告或非实。梦，妄也，方其未觉，即同真觉；真矣，安知非梦妄名觉？举毕生所涉之涂，一若有大魅焉，常以荧惑人为快者。然则吾生之中，果何事焉，必无可疑，而可据为实乎？原始要终，是实非幻者，惟‘意’而已。何言乎惟‘意’为实乎？盖‘意’有是非，而无真妄。疑‘意’为妄者，疑复是‘意’，若曰无‘意’，则亦无疑。故曰惟‘意’无幻，无幻故常住。吾生终始，一‘意’境耳。积‘意’成我，‘意’自在，故我自在。非我可妄，我不可妄，此所谓真我者也。”特嘉尔之说如此。

后二百余年，赫胥黎讲其义曰：“世间两物，曰我、非我。非我名物，我者此心。心物之接，由官觉相，而所觉相，是‘意’非物。‘意’物之际，常隔一尘。物因‘意’果，不得径同。故此一生，纯为意境。特氏此语，既非奇创，亦非艰深。人倘凝思，随在自见。设有圆赤石子一枚于此，持示众人，皆云见其赤色，与其圆形，其质甚坚，其数只一。赤、圆、坚、一，合成此物，备具四德，不可暂离。假如今云，此四德者，在汝意中，初不关物，众当大怪，以为妄言。虽然，试思此赤色者，从何而觉？乃由太阳，于最清气名伊脱[1]者，照成光浪，速率不同，射及石子，余浪皆入，独一浪者不入，反射而入眼中，如水晶盂，摄取射浪，导向眼帘。眼帘之中，脑络所会，受此激荡，如电报机，引达入脑，脑中感变，而知赤色。假使于今石子不变，而是诸缘，如光浪速率，目晶眼帘，有一异者，斯人所见，不成为赤，将见他色。[2]每有一物当前，一人谓红，一人谓碧。红碧二色，不能同时而出一物，以是而知色从觉变，谓属物者，无有是处。所谓圆形，亦不属物，乃人所见，名为如是。何以知之？假使人眼外晶，变其珠形，而为圆柱，则诸圆物，皆当变形。至于坚脆之差，乃由筋力。假使人身筋力，增一百倍，今所谓坚，将皆成脆。而此石子，无异馒首。可知坚性，亦在所觉。赤、圆与坚，是三德者，皆由我起。所谓一数，似当属物，乃细审之，则亦由觉。何以言之？是名一者，起于二事，一由目见，一由触知，见、触会同，定其为一。今手石子，努力作对眼观之，则在触为一，在见成二。又以常法观之，而将中指交于食指，置石交指之间，则又在见为独，在触成双。今若以官接物，见、触同重，前后互殊，孰为当信？可知此名一者，纯意所为，于物无与。即至物质，能隔阂者，久推属物，非凭人意。然隔阂之知，亦由见、触，既由见、触，亦本人心。由是总之，则石子本体，必不可知。吾所知者，不逾意识，断断然矣。惟‘意’可知，故惟‘意’非幻。此特嘉尔积‘意’成我之说，所由生也。非不知必有外因，始生内

[1] 伊脱：即以太，古希腊哲学家所设想的一种媒质。

[2] 人有生而病眼，谓之色盲，不能辨色。人谓红者，彼皆谓绿。又用乾酒调盐，燃之暗室，则一切红物皆成灰色，常人之面，皆若死灰。——译者注

果。然因同果否，必不可知。所见之影，即与本物相似可也。抑因果互异，犹鼓声之与击鼓人，亦无不可。是以人之知识，止于意验相符。如是所为，已足生事。[1]更骛高远，真无当也。夫只此意验之符，则形气之学贵矣。此所以自特嘉尔以来，格物致知之事兴，而古所云心性之学微也。[2]”

论十　佛法

夫云一切世间，人天地狱，所有神魔人畜，皆在法轮中转，生死起灭，无有穷期，此固婆罗门之旧说。自乔答摩出，而后取群实而皆虚之。一切有为，胥由心造。譬如逝水，或回旋成齐，或跳荡为汩，倏忽变现，因尽果销。人生一世间，循业发现，正如絷犬于株，围绕踯躅，不离本处。总而言之，无论为形为神，一切无实无常。不特存一己之见，为缠著可悲，而即身以外，所可把玩者，果何物耶？今试问方是之时，前所谓业种羯摩，则又何若？应之曰：羯摩固无恙也。盖羯摩可方磁气，其始在磁石也，俄而可移之入钢，由钢又可移之入镉[3]，展转相过，而皆有吸铁之用。当其寓于一物之时，其气力之醇醨厚薄，得以术而增损聚散之，亦各视其所遭逢，以为所受浅深已耳。是以羯摩果业，随境自修，彼是转移，绵延无已。

顾世尊一大事因缘，正为超出生死，所谓廓然空寂，无有圣人，而后为幻梦之大觉。大觉非他，涅槃是已。然涅槃究义云何？学者至

[1] 此庄子所以云心止于符也。——译者注

[2] 然今人自有心性之学，特与古人异耳。——译者注

[3] 镉：即镍。质坚韧，有磁性和良好的延展性。

今，莫为定论。不可思议，而后成不二门也。若取其粗者诠之，则以无欲、无为、无识、无相，湛然寂静，而又能仁为归。必入无余涅槃而灭度之，而后羯摩不受轮转，而爱河苦海，永息迷波，此释道究竟也。此与婆罗门所证圣果，初若相似，而实则夐乎不同。至于薰修自度之方，则旧教以刻厉为真修，以嗜欲为稂莠。佛则又不谓然，目为揠苗助长，非徒无益，抑且害之。彼以为为道务澄其源，苟不揣其本，而惟末之齐，即断毁支体，摩顶放踵，为益几何？故欲绝恶根，须培善本；善本既立，恶根自除。道在悲智兼大，以利济群生，名相两忘，而净修三业。质而言之，要不外塞物竞之流，绝自营之私，而明通公溥，物我一体而已。自营未尝不争，争则物竞兴，而轮回无以自免矣。婆罗门之道为我，而佛反之以兼爱。此佛道径涂，与旧教虽同，其坚苦卓厉，而用意又迥不相侔者也。此其一人作则，而万类从风，越三千岁而长存，通九重译而弥远。自生民神道设教以来，其流传广远，莫如佛者，有由然矣。恒河沙界，惟我独尊，则不知造物之有宰；本性圆融，周遍法界，则不信人身之有魂；超度四流，大患永灭，则长生久视之蕲，不仅大愚，且为罪业。祷颂无所用也，祭祀匪所歆也，舍自性自度而外，无它术焉。无所服从，无所争竞，无所求助于道外众生，寂旷虚寥，冥然孤往。其教之行也，合五洲之民计之，望风承流，居其少半。虽今日源远流杂，渐失清净本来，然较而论之，尚为地球中最大教会也。呜呼！斯已奇尔。

复案：“不可思议”四字，乃佛书最为精微之语。中经稗贩妄人，滥用率称，为日已久，致渐失本意，斯可痛也。夫“不可思议”之云，与云“不可名言”“不可言喻”者迥别，亦与云“不能思议”者大异。假如人言见奇境怪物，此谓“不可名言”；又如深喜极悲，如当身所觉，如得心应手之巧，此谓“不可言喻”；又如居热地人，生未见冰，忽闻水上可行，如不知通吸力理人，初闻地员对足底之说，茫然而疑，翻谓世间无此理实，告者妄言，此谓“不能思议”。至于不可思议之物，则如云世间有圆形之方，有无生而死，有不质之力，一物同时能在两地诸语，方为“不可思议”。此在日用常语中，与所谓谬妄违反者，殆无别也。然而谈理见极时，乃必至不可思议之一境，既不可谓谬，而理又难知，此则真佛书所谓“不可思议”。而“不可思议”一言，专为此设者也。佛所称涅槃，即其不可思议之一。他如理学中不可思议之理，亦多有之。如天地元始，造化真宰，万物本体是已。至于物理之不可思议，则如宇如宙。宇者，太虚也[1]；宙者，时也[2]。他如万物质点，动静真殊，力之本始，神思起讫之伦，虽在圣智，皆不能言，此皆真实不可思议者。

今欲敷其旨，则过于奥博冗长，姑举其凡，为涅槃起例而已。涅槃者，盖佛以谓三界诸有为相，无论自创创他，皆暂时诉合成观，终于消亡。而人身之有，则以想爱同结，聚幻成身。世界如空华，羯摩如空果，世世生生，相续不绝，人天地狱，各随所修。是以贪欲一捐，诸幻都灭。无生既证，则与生俱生者，随之而尽，此涅槃最浅义谛也。然自世尊宣扬正教以来，其中圣

[1] 庄子谓之有实而无夫处。处，界域也。谓其有物而无界域，有内而无外者也。——译者注

[2] 庄子谓之有长而无本剽。剽，末也。谓其有物而无起讫也。二皆甚精界说。——译者注

贤，于泥洹皆不著文字言说，以为不二法门，超诸理解。岂曰无辨，辨所不能言也。然而津逮之功，非言不显，苟不得已而有云，则其体用固可得以微指也。一是涅槃为物，无形体，无方相，无一切有为法。举其大意言之，固与寂灭真无者，无以异也。二是涅槃寂不真寂，灭不真灭。假其真无，则无上、正偏知之名，乌从起乎？此释迦牟尼所以译为空寂而兼能仁也。三是涅槃湛然妙明，永脱苦趣，福慧两足，万累都捐，断非未证斯果者所及知、所得喻，正如方劳苦人，终无由悉息肩时情况。故世人不知，以谓佛道若究竟灭绝空无，则亦有何足慕！而智者则知，由无常以入长存，由烦恼而归极乐，所得至为不可言喻。故如渴马奔泉，久客思返，真人之慕，诚非凡夫所与知也。涅槃可指之义如此。第其所以称“不可思议”者，非必谓其理之幽渺难知也，其不可思议，即在“寂不真寂，灭不真灭”二语。世界何物，乃为非有、非非有耶？譬之有人，真死矣，而不可谓死，此非天下之违反，而至难著思者耶！故曰“不可思议”也。

此不徒佛道为然，理见极时，莫不如是。盖天下事理，如木之分条，水之分派，求解则追溯本源。故理之可解者，在通众异为一同，更进则此所谓同，又成为异，而与他异通于大同。当其可通，皆为可解。如是渐进，至于诸理会归最上之一理，孤立无对，既无不冒，自无与通。无与通则不可解，不可解者，不可思议也。此所以毗耶一会，文殊师利菩萨，唱不二法门之旨，一时三十二说皆非。独净名居士不答一言，斯为真喻。何以故？不二法门与思议解说二义相灭，不可同称也。其为“不可思议”真实理解，而浅者乃视为幽夐迷罔之词，去之远矣。

论十一　学派

今若舍印度而渐迤以西，则有希腊、犹太、义大利诸国，当姬汉之际，迭为声明文物之邦。说者谓彼都学术，与亚南诸教，判然各行，不相祖述；或则谓西海所传，尽属东来旧法，引绪分支。二者皆一偏之论，而未尝深考其实者也。为之平情而论，乃在折中二说之间。盖欧洲学术之兴，亦如其民之种族，其始皆自伊兰旧壤而来。追源远支交，新知踵出，则冰寒于水，自然度越前知。今观天演学一端，即可思而得其理矣。希腊文教，最为昌明。其密理图[1]学者，皆识斯义，而伊匪苏[2]之额拉吉来图为之魁。额拉生年，与身毒释迦之时，实为相接。潭思著论，精旨微言，号为难读。晚近学者，乃取其残缺，熟考而精思之，乃悟今兹所言，虽诚益密益精，然大体所存，固已为古人所先获。即如此论首篇，所引濯足长流诸喻，皆额拉氏之绪言。但其学苞六合，阐造化，为数千年格致先声，不断断于民生日用之间，修己治人之事。洎夫数传之后，理学虑涂，辐辏雅典。一时明哲，咸殚思于人道治理之中，而以额拉氏为穷高骛远矣。此虽若近思切问，有鞭辟向里之功，而额拉氏之体大思精，所谓检押大宇，隐括万类者，亦随之而不可见矣。盖中古理家苏格拉第与柏拉图师弟二人，最为超特。顾彼于额拉氏之绪论遗文，知之转不若吾后人之亲切者。学术之门庭各异，则虽年代相接，未必能相知也。苏格氏之大旨，以为天地六合之大，事极广远，理复繁赜，决非生人智虑之所能周。即使穷神

[1] 密理图：即米利都，小亚细亚西岸的古希腊城市，爱奥尼亚人所建。

[2] 伊匪苏：即以弗所，亦译爱非斯，小亚细亚西岸的古希腊城邦。

竭精，事亦何裨于日用。所以存而不论，反以求诸人事交际之间，用以期其学之翔实。独不悟理无间于小大，苟有伦脊对待，则皆为学问所可资。方其可言，不必天难而人易也。至于无对，虽在近习，而亦有难窥者矣。是以格致实功，恒在名理气数之间，而绝口不言神化。彼苏格氏之学，未尝讳神化也，而转病有伦脊可推之物理为高远而置之。名为崇实黜虚，实则舍全而事偏，求近而遗远。此所以不能引额拉氏未竟之绪，而大有所明也。夫薄格致气质之学，以为无关人事，而专以修己治人之业，为切要之图者，苏格氏之宗旨也。此其道，后之什匿克[1]宗用之。厌恶世风，刻苦励行，有安得臣[2]、知阿真尼[3]为眉目。再传之后，有雅里大德勒[4]崛起马基顿之南。察其神识之所周，与其解悟之所入，殆所谓超凡入圣，凌铄古今者矣。然尚不知物化迁流，宇宙悠久之论，为前识所已言。故额拉氏，为天演学宗。其滴髓真传，前不属于苏格拉第，后不属之雅里大德勒。二者虽皆当代硕师，而皆无与于此学。传衣所托，乃在德谟吉利图[5]也。顾其时民智尚未宏开，阿伯智拉所倡高言，未为众心之止。直至斯多噶之徒出，乃大阐径涂，上接额拉氏之学。天演之说，诚当以此为中兴，条理始终，厘然具备矣。

独是学经传授，无论见知、私淑，皆能渐失本来。缘学者各奋其私，逐传失实，不独夺其所本有，而且羼以所本无。如斯多噶所持造物真宰之说，则其尤彰明较著者也。原夫额拉之论，彼以火化为万物

[1] 什匿克：即昔尼克学派，亦译犬儒学派，创始人是安提西尼。

[2] 安得臣：即安提西尼（前 445—前 365），古希腊哲学家。

[3] 知阿真尼：即第欧根尼（约前 404—约前 323），古希腊哲学家，犬儒学派代表人物。

[4] 雅里大德勒：即亚里士多德。

[5] 德谟吉利图：即德谟克里特。

根本，皆出于火，皆入于火；由火生成，由火毁灭。递劫盈虚，周而复始，又常有定理大法焉以运行之。故世界起灭，成败循还，初不必有物焉，以纲维张弛之也。自斯多噶之徒兴，于是宇宙冥顽，乃有真宰，其德力无穷，其悲智兼大，无所不在，无所不能。不仁而至仁，无为而体物；孕太极而无对，窅然居万化之先，而永为之主。此则额拉氏所未言，而纯为后起之说也。

复案：密理图旧地，在安息[1]西界。当春秋昭、定之世，希腊全盛之时，跨有二洲。其地为一大都会，商贾辐辏，文教休明。中为波斯所侵，至战国时，罗马渐盛，希腊稍微，而其地亦废，在今斯没尔拿[2]地南。

伊匪苏旧壤，亦在安息之西。商辛、周文之时，希腊建邑于此，有祠宇，祀先农神知安那[3]最著号。周显王十三年，马基顿名王亚烈山大[4]生日，伊匪苏灾，四方布施，云集山积，随复建造，壮丽过前，为南怀仁所称宇内七大工之一。后属罗马，耶稣之徒波罗，宣景教于此。曹魏景元、咸熙间，先农之祠又毁。自兹厥后，其地寖废。突厥[5]兴，尚取其材以营君士但丁焉。

额拉吉来图，生于周景五十年，为欧洲格物初祖。其所持论，前人不知重也。今乃愈明，而为之表章者日众。按额拉氏以常变言化，故谓万物皆在已与将之间，而无可指之今。以火化为

[1] 今名小亚细亚。——译者注

[2] 斯没尔拿：即伊兹密尔，旧称士麦那。土耳其西部港市。

[3] 知安那：即狄安娜，罗马神话中的女神。

[4] 亚烈山大：即亚历山大大帝（前356—前323），马其顿国王。

[5] 突厥：这里指土耳其。

天地秘机，与神同体，其说与化学家合。又谓人生而神死，人死而神生，则与漆园彼是方生之言若符节矣。

苏格拉第，希腊之雅典人。生周末元、定之交，为柏拉图师。其学以事天修己、忠国爱人为务，精辟肫挚，感人至深，有欧洲圣人之目。以不信旧教，独守真学，于威烈王二十二年，为雅典王坐以非圣无法杀之，天下以为冤。其教人无类，无著作。死之后，柏拉图为之追述言论，纪事迹也。

柏拉图，一名雅里大各，希腊雅典人。生于周考五王十四年，寿八十岁，仪形魁硕。希腊旧俗，庠序间极重武事，如超距、搏跃之属，而雅里大各称最能，故其师字之曰柏拉图。柏拉图汉言骈胁也。折节为学，善歌诗，一见苏格拉第，闻其言，尽弃旧学，从之十年。苏以非罪死，柏拉图为讼其冤。党人仇之，乃弃乡里，往游埃及，求师访道十三年。走义大利，尽交罗马贤豪长者。论议触其王讳，为所卖为奴，主者心知柏拉图大儒，释之。归雅典，讲学于亚克特美园。学者裹粮挟贽，走数千里，从之问道。今泰西太学，称亚克特美，自柏拉图始。其著作多称师说，杂出已意。其文体皆主客设难，至今人讲诵弗衰。精深微妙，善天人之际。为人制行纯懿，不愧其师。故西国言古学者，称苏、柏。

什匿克者，希腊学派名，以所居射圃而著号。倡其学者，乃苏格拉第弟子名安得臣者。什匿克宗旨，以绝欲遗世，克己励行为归。盖类中土之关学，而质确之余，杂以任达，故其流极，乃贫贱骄人，穷丐狂倮，谿刻自处，礼法荡然。相传安得臣常以一木器自随，坐卧居起，皆在其中。又好对人露秽，白昼持烛，遍走雅典，人询其故，曰：吾觅遍此城，不能得一男子也。

斯多噶者，亦希腊学派名，昉于周末考、显间。而芝诺称祭酒，以市楼为讲学处。雅典人呼城闉为斯多亚，遂以是名其学。始于希腊，成于罗马，而大盛于西汉时。罗马著名豪杰，皆出此派，流风广远，至今弗衰。欧洲风尚之成，此学其星宿海也，以格致为修身之本。其教人也，尚任果，重犯难，设然诺，贵守义相死，有不苟荣、不幸生之风。西人称节烈不屈男子曰“斯多噶”，盖所从来旧矣。

雅里大德勒[1]者，柏拉图高足弟子，而马基顿名王亚烈山大师也。生周安王十八年，寿六十二岁。其学自天算格物，以至心性、政理、文学之事，靡所不赅。虽导源师说，而有出蓝之美。其言理也，分四大部，曰理、曰性、曰气，而最后曰命，推此以言天人之故。盖自西人言理以来，其立论树义，与中土儒者较明，最为相近者，雅里氏一家而已。元、明以前，新学未出，泰西言物性、人事、天道者，皆折中于雅里氏。其为学者崇奉笃信，殆与中国孔子侔矣。洎有明中叶，柏庚起英，特嘉尔起法，倡为实测内籀之学，而奈端[2]、加理列倭[3]、哈尔维[4]诸子，踵用其术，因之大有所明，而古学之失日著。遨者引绳排根，矫枉过直，而雅里氏二千年之焰，几乎熄矣。百年以来，物理益明，平陂往复，学者乃澄识平虑，取雅里旧籍考而论之，别其芜类，载其菁

[1] 此名多与雅里大各相混，雅里大各乃其师名耳。——译者注

[2] 奈端：即牛顿（1643—1727），英国物理学家、数学家、天文学家。

[3] 加理列倭：即伽利略（1564—1642），意大利物理学家、天文学家。

[4] 哈尔维：即哈维（1578—1657），英国医师，实验生理学的创始人之一。

英，其真乃出，而雅里氏之精旨微言，卒以不废。嗟乎！居今思古，如雅里大德勒者，不可谓非聪颖特达，命世之才也。

德谟吉利图者，希腊之亚伯地拉人，生春秋鲁哀间。德谟善笑，而额拉吉来图好哭，故西人号额拉为哭智者，而德谟为笑智者，犹中土之阮嗣宗、陆士龙也。家雄于财，波斯名王绰克西斯至亚伯地拉时，其家款王及从者甚隆谨。绰克西斯去，留其傅马支[1]教主人子，即德谟也。德谟幼颖敏，尽得其学，复从之游埃及、安息、犹大诸大邦，所见闻广。及归，大为国人所尊信，号“前知”。野史稗官，多言德谟神异，难信。其学以觉意无妄，而见尘非真为旨，盖已为特嘉尔嚆矢矣。又黜四大之说，以莫破质点言物，此则质学种子，近人达尔敦[2]演之，而为化学始基云。

论十二　天难

自来学术相承，每有发端甚微，而经历数传，事效遂巨者，如斯多噶创为上帝宰物之言是已。夫茫茫天壤，既有一至仁极义，无所不知，无所不能，无所不往，无所不在之真宰，以弥纶施设于其间，则谓宇宙有真恶，业已不可；谓世界有不可弥之缺憾，愈不可也。然而吾人内审诸身心之中，外察诸物我之际，觉覆载徒宽，乃无所往而可离苦趣。今必谓世界皆妄非真，则苦乐固同为幻相。假世间尚存真物，则忧患而外，何者为真？大地抟抟，不徒恶业炽然，而且缺陷分明，

[1] 古神巫号。——译者注

[2] 达尔敦：即道尔顿（1766—1844），英国化学家、物理学家。

弥缝无术，孰居无事，而推行是？质而叩之，有无可解免者矣。虽然，彼斯多噶之徒不谓尔也。吉里须布[1]曰：一教既行，无论其宗风谓何，苟自其功分趣数而观之，皆可言之成理。故斯多噶之为天讼直也，一则曰天行无过；二则曰祸福倚伏，患难玉成；三则曰威怒虽甚，归于好生。此三说也，不独深信于当年，实且张皇于后叶，胪诸简策，布在风谣，振古如兹，垂为教要。

往者朴伯[2]以韵语赋《人道篇》[3]数万言，其警句云："元宰有秘机，斯人特未悟。世事岂偶然，彼苍审措注。乍疑乐律乖，庸知各得所。虽有偏沴灾，终则其利溥。寄语傲慢徒，慎勿轻毁诅。一理今分明，造化原无过。"如前数公言，则从来无不是上帝是已。上帝固超乎是不是而外，即庸有是不是之可论，亦必非人类所能知。但即朴伯之言而核之，觉前六语诚为精理名言，而后六语则考之理实，反之吾心，有蹇蹇乎不相比附者。虽用此得罪天下，吾诚不能已于言也。盖谓恶根常含善果，福地乃伏祸胎，而人常生于忧患，死于安乐，夫宁不然。但忧患之所以生，为能动心忍性，增益不能故也；为操危虑深者，能获德慧术知故也。而吾所不解者，世间有人非人，无数下生，虽空乏其身，拂乱所为，其能事决无由增益；虽极茹苦困殆，而安危利菑，智慧亦无从以进。而高高在上者，必取而空乏、拂乱、茹苦、困殆之者，则又何也？若谓此下愚虫豸，本彼苍所不爱惜云者，则又如前者至仁之说何？且上帝既无不能矣，则创世成物之时，何不取一无灾、无害、无恶业、无缺陷之世界而为之，乃必取一忧患从横、水

[1] 吉里须布：即基利斯波（前280—前207），古希腊哲学家。

[2] 朴伯：即蒲柏（1688—1744），英国诗人。

[3]《人道篇》：英译本名 *Essay on Man*。

深火烈如此者，而又造一切有知觉、能别苦乐之生类，使之备尝险阻于其间，是何为者？嗟嗟！是苍苍然穹尔而高者，果不可问耶？不然，使致憾者明目张胆，而询其所以然，吾恐芝诺、朴柏之论，自号为天讼直者，亦将穷于置对也。事自有其实，理自有其平，若徒以贵位尊势，箝制人言，虽帝天之尊，未足以厌其意也。且径谓造物无过，其为语病尤深。盖既名造物，则两间所有，何一非造物之所为？今使世界已诚美备，无可复加，则安事斯人毕生胼胝，举世勤劬，以求更进之一境？计惟有式饮庶几。式食庶几，芸芸以生，泯泯以死！今日之世事，已无足与治；明日之世事，又莫可谁何？是故用斯多噶、朴伯之道，势必愿望都灰，修为尽绝，使一世溃然萎然，成一伊壁鸠鲁之豕圈而后可。生于其心，害于其政，势有必至，理有固然者也。

复案：伊壁鸠鲁，亦额里思人。柏拉图死七年，而伊生于阿底加。其学以惩忿瘠欲，遂生行乐为宗，而仁智为之辅。所讲名理治化诸学，多所发明，补前人所未逮。后人谓其学专主乐生，病其恣肆，因而有豕圈之诮。犹中土之讥杨、墨，以为无父无君，等诸禽兽。门户相非，非其实也。实则其教清净节适，安遇乐天，故能为古学一大宗，而其说至今不坠也。

论十三　论性

吾尝取斯多噶之教与乔答摩之教，较而论之，则乔答摩悲天悯人，不见世间之真美；而斯多噶乐天任运，不睹人世之足悲。二教虽均有所偏，而使二者必取一焉，则斯多噶似为差乐。但不幸生人之事，欲忘世间之真美易，欲不睹人世之足悲难。祸患之叩吾阍，与娱乐之踵吾门，二者之声孰厉？削艰虞之陈迹，与去欢忻之旧影，二者之事孰难？黠者纵善自宽，而至剥肤之伤，断不能破涕以为笑，徒矜作达，何补真忧！斯多噶以此为第一美备世界。美备则诚美备矣，而无如居者之甚不便何也。又为斯多噶之学者曰："率性以为生。"斯言也，意若谓人道以天行为极则，宜以人学天也。此其言据地甚高，后之用其说者，遂有僩然不顾一切之概，然其道又未必能无弊也。前者吾为导言十余篇，于此尝反复而觌缕之矣。诚如斯多噶之徒言，则人道固当扶强而抑弱，重少而轻老，且使五洲殊种之民，至今犹巢居鲜食而后可。何则？天行者，固无在而不与人治相反者也。

然而以斯多噶之言为妄，则又不可也。言各有攸当，而斯多噶设为斯言之本旨，恐又非后世用之者所尽知也。夫性之为言，义训非一。约而言之，凡自然者谓之性，与生俱生者谓之性。故有曰万物之性，火炎、水流、鸢飞、鱼跃是已；有曰生人之性，心知、血气、嗜欲、情感是已。然而生人之性，有其粗且贱者，如饮食男女，所与含生之伦同具者也；有其精且贵者，如哀乐羞恶，所与禽兽异然者也。[1]而是精且贵者，其赋诸人人，尚有等差之殊；其用之也，亦常有当否之别。是故果敢辩慧贵矣，而小人或以济其奸；喜怒哀乐精矣，而常人或以伤其德。然则吾人性分之中，贵之中尚有贵者，精之中尚有精者。有物浑成，字曰清净之理。人惟具有是性，而后有以超万有而独尊，而一切治功教化之事以出。有道之士，能以志帅气矣，又能以理

[1] 案：哀乐羞恶，禽兽亦有之，特始见端而微眇难见耳。——译者注

定志，而一切云为动作，胥于此听命焉，此则斯多噶所率为生之性也。自人有是性，乃能与物为与，与民为胞，相养相生，以有天下一家之量。然则是性也，不独生之所恃以为灵，实则群之所恃以为合；教化风俗，视其民率是性之力不力以为分，故斯多噶又名此性曰群性。盖惟一群之中，人人以损己益群，为性分中最要之一事，夫而后其群有以合而不散，而日以强大也。

复案：此篇之说，与宋儒之言性同。宋儒言天，常分理气为两物。程子有所谓气质之性。气质之性，即告子所谓生之谓性，荀子所谓恶之性也。大抵儒先言性，专指气而言则恶之，专指理而言则善之，合理气而言者则相近之，善恶混之，三品之，其不同如此。然惟天降衷有恒矣，而亦生民有欲，二者皆天之所为。古“性”之义通“生”，三家之说，均非无所明之论也。朱子主理居气先之说，然无气又何从见理？赫胥黎氏以理属人治，以气属天行，此亦自显诸用者言之。若自本体而言，亦不能外天而言理也，与宋儒言性诸说参观可耳。

论十四　矫性

天演之学，发端于额拉吉来图，而中兴于斯多噶。然而其立教也，则未尝以天演为之基。自古言天之家，不出二途：或曰是有始焉，如景教《旧约》所载创世之言是已。有曰是常如是，而未尝有始终也。二者虽斯多噶言理者所弗言，而代以天演之说。独至立教，则与前二家未尝异焉。盖天本难言，况当日格物学浅，斯多噶之徒，意谓天者，人道之标准，所贵乎称天者，将体之以为道德之极隆，如前篇所谓率性为生者。至于天体之实，二仪之所以位，混沌之所由开，虽好事者所乐知，然亦何关人事乎？故极其委心任运之意，其蔽也，乃徒见化工之美备，而不睹天运之疾威，且不悟天行人治之常相反。今夫天行之与人治异趋，触目皆然，虽欲美言粉饰，无益也。自吾所身受者观之，则天行之用，固常假手于粗且贱之人心，而未尝诱衷于精且贵之明德。常使微者愈微，危者愈危。故彼教至人，亦知欲证贤关，其功行存乎矫拂，必绝情塞私，直至形若槁木，心若死灰而后可。当斯之时，情固存也，而必不可以摇其性。云为动作，必以理为之依。如是绵绵若存，至于解脱形气之一日，吾之灵明，乃与太虚明通公溥之神，合而为一。是故自其后而观之，则天竺、希腊两教宗，乃若不谋而合。特精而审之，则斯多噶与旧教之婆罗门为近，而亦微有不同者：婆罗门以苦行穷乞，为自度梯阶，而斯多噶未尝以是为不可少之功行。然则是二土之教，其始本同，其继乃异，而风俗人心之变，即出于中，要之其终，又未尝不合。读印度《四韦陀》之诗[1]，与希腊鄂谟尔之什，皆豪壮轻侠，目险巇为夷涂，视战斗为乐境。故其诗曰：“风雷晴美日，欣受一例看。”当其气之方盛壮也，势若与鬼神天地争一旦之命也者。不数百年后，文治既兴，粗豪渐泯，藐彼后贤，乃忽然尽丧其故。跳脱飞扬之气，转以为忧深虑远之风。悲来悼往之意多，而乐生自憙之情减。其沉毅用壮，百折不回之操，或有加乎前，而群知趋营前猛之可悼。于是敛就新儒，谓天下非胜物之为

[1]《四韦陀》之诗：即《吠陀本集》，共4部：《梨俱吠陀》（颂诗）、《娑摩吠陀》（歌曲）、《耶柔吠陀》（祭祀仪式）、《阿闼婆吠陀》（巫术咒语）。

难，其难胜者，即在于一己。精锐英雄，回向折节，窬窱诚求，耑归大道。提婆[1]、殑伽[2]两水之旁，先觉之畴，如出一辙，咸晓然于天行之太劲，非脱屣世务，抖擞精修，将历劫沉沦，莫知所届也。悲夫！

复案：此篇所论，虽专言印度、希腊古初风教之同异，而其理则与国种盛衰强弱之所以然，相为表里。盖生民之事，其始皆敦庞僿野，如土番猺獠，名为野蛮。洎治教粗开，则武健侠烈、敢斗轻死之风竞。如是而至变质尚文，化深俗易，则良懦俭啬、计深虑远之民多。然而前之民也，内虽不足于治，而种常以强；其后之民，则卷娄濡需，黠诈惰窳，易于驯伏矣。然而无耻尚利，贪生守雌，不幸而遇外仇，驱而縻之，犹羊豕耳。不观之诗乎？有《小戎》《驷驖》之风，而秦卒以并天下。《蟋蟀》《葛屦》《伐檀》《硕鼠》之诗作，则唐、魏卒底于亡。周、秦以降，与戎狄角者，西汉为最，唐之盛时次之，南宋最下。论古之士，察其时风俗政教之何如，可以得其所以然之故矣。至于今日，若仅以教化而论，则欧洲中国，优劣尚未易言。然彼其民，好然诺，贵信果，重少轻老，喜壮健无所屈服之风；即东海之倭，亦轻生尚勇，死党好名，与震旦之民大有异。呜呼！隐忧之大，可胜言哉！

[1] 提婆：即台伯，亦称特韦雷河，意大利河流名称。

[2] 殑伽：即恒河。

论十五　演恶

意者四千余年之人心不相远乎？学术如废河然，方其废也，介然两厓之间，浩浩平沙，莽莽黄芦而止耳。迨一日河复故道，则依然曲折委蛇，以达于海。天演之学犹是也。不知者以为新学，究切言之，则大抵引前人所已废也。今夫明天人之际，而标为教宗者，古有两家焉，一曰闵世之教，婆罗门、乔答摩、什匿克三者是已。如是者彼皆以国土为危脆，以身世为梦泡；道在苦行真修，以期自度于尘劫。虽今之时，不乏如此人也。国家禁令严，而人重于违俗，不然，则桑门坏色之衣，比丘乞食之钵，什匿克之蓬累带索，木器自随，其忍为此态者，独无徒哉？又其一曰乐天之教，如斯多噶是已。彼则以世界为天园，以造物为慈母；种物皆日蒸于无疆，人道终有时而极乐；虎狼可化为羊也，烦恼究观皆福也。道在率性而行，听民自由，而不加以夭阏。虽今之时，愈不乏如此人也。前去四十余年，主此说以言治者最众，今则稍稍衰矣。合前二家之论而折中之，则世固未尝皆足闵，而天又未必皆可乐也。

夫生人所历之程，哀乐亦相半耳。彼毕生不遇可忻之境，与由来不识何事为可悲者，皆居生人至少之数，不足据以为程者也。[1] 善夫先民之言曰：天分虽诚有限，而人事亦足有功；善固可以日增，而恶亦可以代减。天既予人以自辅之权能，则练心缮性，不徒可以自致于

[1] 赫胥黎氏此语，最蹈谈理肤泽之弊，不类智学家言，而于前二氏之学去之远矣。试思所谓哀乐相半诸语，二氏岂有不知，而终不尔云者，以道眼观一切法，自与俗见不同。赫氏此语，取媚浅学人，非极挚之论也。——译者注

最宜，且右挈左提，嘉与宇内共跻美善之途，使天行之威日杀，而人人有以乐业安生者，固斯民最急之事也。格物致知之业，无论气质名物、修齐治平，凡为此而后有事耳。至于天演之理，凡属两间之物，固无往而弗存，不得谓其显于彼而微于此。是故近世治群学者，知造化之功，出于一本；学无大小，术不互殊。本之降衷固有之良，演之致治雍和之极，根荄华实，厘然备具，又皆有条理之可寻，诚犁然有当于人心，不可以旦莫之言废也。虽然，民有秉彝矣，而亦天生有欲。以天演言之，则善固演也，恶亦未尝非演。若本天而言，则尧、桀、夷、跖，虽义利悬殊，固同为率性而行、任天而动也，亦其所以致此者异耳。用天演之说，明殃庆之各有由，使制治者知操何道焉，而民日趋善；动何机焉，而民日竞恶，则有之矣。必谓随其自至，则民群之内，恶必自然而消，善必自然而长，吾窃未之敢信也。且苟自心学之公例言之，则人心之分别见，用于好丑者为先，而用于善恶者为后。好丑者，其善恶之萌乎？善恶者，其好丑之演乎？是故好善、恶恶，容有未实；而好好色、恶恶臭之意，则未尝不诚也。学者先明吾心忻好、厌丑之所以然，而后言任自然之道，而民群善恶之机，孰消孰长可耳。

复案：通观前后论十七篇，此为最下。盖意求胜斯宾塞，遂未尝深考斯宾氏之所据耳。夫斯宾塞所谓民群任天演之自然，则必日进善，不日趋恶，而郅治必有时而臻者，其竖义至坚，殆难破也。何以言之？一则自生理而推群理，群者，生之聚也。今者合地体、植物、动物三学观之，天演之事，皆使生品日进。动物自孑孓蠉蠕，至成人身，皆有绳迹可以追溯，此非一二人之言也。学之始起，不及百年，达尔文论出，众虽翕然，攻者亦至众也。顾乃每经一攻，其说弥固，其理弥明。后人考索日繁，其证佐亦日实。至今外天演而言前三学者，殆无人也。夫群者，生之聚也，合生以为群，犹合阿弥巴[1]而成体。斯宾塞氏得之，故用生学之理以谈群学，造端比事，粲若列眉矣。然于物竞天择二义之外，最重体合。体合者，物自致于宜也。彼以为生既以天演而进，则群亦当以天演而进无疑。而所谓物竞、天择、体合三者，其在群亦与在生无以异。故曰任天演自然，则郅治自至也。虽然，曰任自然者，非无所事事之谓也，道在无扰而持公道。其为公之界说曰："各得自由，而以他人之自由为域。"其立保种三大例曰：一，民未成丁，功食为反比例率；二，民已成丁，功食为正比例率；三，群己并重，则舍己为群。用三例者，群昌，反三例者，群灭。今赫胥氏但以随其自至当之，可谓语焉不详者矣。至谓善恶皆由演成，斯宾塞固亦谓尔。然民既成群之后，苟能无扰而公，行其三例，则恶将无从而演；恶无从演，善自日臻。此亦犹庄生去害马以善群，释氏以除翳为明目之喻已。又斯宾氏之立群学也，其开宗明义曰：吾之群学如几何，以人民为线面，以刑政为方圆，所取者皆有法之形。其不整无法者，无由论也。今天下人民国是，尚多无法之品，故以吾说例之，往往若不甚合者。然论道之言，不资诸有法固不可[2]，学者别白观之，幸勿讶也云云。而赫氏亦每略其起例而攻之，读者不可不察也。

[1] 极小虫，生水藻中，与血中白轮同物，为生之起点。——译者注

[2] 案：此指其废君臣、均土田之类而言。——译者注

论十六　群治

本天演言治者，知人心之有善种，而忘其有恶根，如前论矣，然其蔽不止此。晚近天演之学，倡于达尔文。其《物种由来》一作，理解新创，而精确详审，为格致家不可不读之书。顾专以明世间生类之所以繁殊，与动植之所以盛灭，曰物竞、曰天择。据理施术，树畜之事，日以有功。言治者遂谓牧民进种之道，固亦如是，然而其蔽甚矣。盖宜之为事，本无定程，物之强弱善恶，各有所宜，亦视所遭之境以为断耳。人处今日之时与境，以如是身，入如是群，是固有其最宜者，此今日之最宜，所以为今日之最善也。然情随事迁，浸假而今之所善，又未必他日之所宜也。请即动植之事明之，假令北半球温带之地，转而为积寒之墟，则今之梗、柟、豫章皆不宜，而宜者乃蒿蓬耳，乃苔藓耳，更进则不毛穷发，童然无有能生者可也。又设数千万年后，此为赤道极热之区，则最宜者深菁长藤，巨蜂元蚁，兽蹄鸟迹，交于中国而已，抑岂吾人今日所祈向之最善者哉！故曰宜者不必善，事无定程，各视所遭以为断。彼言治者，以他日之最宜，为即今日之最善，夫宁非蔽欤！

人既相聚以为群，虽有伦纪法制行夫其中，然终无所逃于天行之虐。盖人理虽异于禽兽，而孳乳寖多则同。生之事无涯，而奉生之事有涯，其未至于争者，特早晚耳。争则天行司令，而人治衰，或亡或存，而存者必其强大，此其所谓最宜者也。当是之时，凡脆弱而不善变者，不能自致于最宜，而日为天演所耘，以日少日灭。故善保群者，常利于存；不善保群者，常邻于灭，此真无可如何之势也。治化愈浅，则天行之威愈烈；惟治化进，而后天行之威损。理平之极，治功独用，而天行无权。当此之时，其宜而存者，不在宜于天行之强大与众也。德贤仁义，其生最优，故在彼则万物相攻相感而不相得，在此则黎民于变而时雍；在彼则役物广己者强，在此则黜私存爱者附。排挤蹂躏之风，化而为立达保持之隐。斯时之存，不仅最宜者已也。凡人力之所能保而存者，将皆为致所宜，而使之各存焉。故天行任物之竞，以致其所为择；治道则以争为逆节，而以平争济众为极功。前圣人既竭耳目之力，胼手胝足，合群制治，使之相养相生，而不被天行之虐矣。则凡游其宇而蒙被庥嘉，当思屈己为人，以为酬恩报德之具。凡所云为动作，其有隳交际，干名义，而可以乱群害治者，皆以为不义而禁之。设刑宪，广教条，大抵皆沮任性之行，而劝以人职之所当守。盖以谓群治既兴，人人享乐业安生之福。夫既有所取之以为利，斯必有所与之以为偿。不得仍初民旧贯，使群道坠地，而溃然复返于狉榛也。

复案：自营一言，古今所讳，诚哉其足讳也！虽然，世变不同，自营亦异。大抵东西古人之说，皆以功利为与道义相反，若薰莸之必不可同器。而今人则谓生学之理，舍自营无以为存。但民智既开之后，则知非明道则无以计功，非正谊则无以谋利。功利何足病，问所以致之之道何如耳，故西人谓此为开明自营。开明自营，于道义必不背也。复所以谓理财计学，为近世最有功生民之学者，以其明两利为利，独利必不利故耳。

又案：前篇皆以尚力为天行，尚德为人治。争且乱则天胜，安且治则人胜。此其说与唐刘、柳诸家天论之言合，而与宋以来儒者，以理属天，以欲属人者，致相反矣。大抵中外古今，言理者不出二家，一出于教，一出于学。教则以公理属天，私欲属人；学则以尚力为天行，尚德为人治。言学者期于征实，故其言天不能舍形气；言教者期于维世，故其言理不能外化神。

赫胥黎尝云：天有理而无善，此与周子所谓“诚无为”，陆子所称“性无善无恶”同意。荀子“性恶而善伪”之语，诚为过当，不知其善，安知其恶耶？至以善为伪，彼非真伪之伪，盖谓人为以别于性者而已。后儒攻之，失荀旨矣。

论十七　进化

今夫以公义断私恩者，古今之通法也；民赋其力以供国者，帝王制治之同符也；犯一群之常典者，群之人得共诛之，此又有众者之公约也。乃今以天演言治者，一一疑之。谓天行无过，任物竞天择之事，则世将自至于太平。其道在人人自由，而无强以损己为群之公职，立为应有权利之说，以饰其自营为己之深私。又谓民上之所宜为，在持刑宪以督天下之平，过此以往，皆当听民自为，而无劳为大匠斫。唱者其言如纶，和者其言如綍。此其蔽无他，坐不知人治、天行二者之绝非同物而已。前论反覆，不惮冗烦。假吾言有可信者存，则此任天之治为何等治乎？嗟乎！今者欲治道之有功，非与天争胜焉，固不可也。法天行者非也，而避天行者亦非。夫曰与天争胜云者，非谓逆天拂性，而为不祥不顺者也。道在尽物之性，而知所以转害而为利。夫自不知者言之，则以藐尔之人，乃欲与造物争胜，欲取两间之所有，驯扰驾御之以为吾利，其不自量力而可悯叹，孰逾此者？然溯太古以迄今兹，人治进程，皆以此所胜之多寡为殿最。百年来欧洲所以富强称最者，其故非他，其所胜天行，而控制万物，前民用者，方之五洲，与夫前古各国，最多故耳。以已事测将来，吾胜天为治之说，殆无以易也。是故善观化者，见大块之内，人力皆有可通之方；通之愈宏，吾治愈进，而人类乃愈亨。彼佛以国土为危脆，以身世为浮沤，此诚不自欺之说也。然法士巴斯噶尔[1]不云乎："吾诚弱草，妙能通灵，通灵非他，能思而已。"以蕞尔之一茎，蕴无穷之神力。其为物也，与无声无臭、明通公溥之精为类，故能取天所行，而弥纶燮理之。犹佛所谓居一芥子，转大法轮也。凡一部落、一国邑之为聚也，将必皆有法制礼俗系夫其中，以约束其任性而行之暴慢；必有罔罟、牧畜、耕稼、陶渔之事，取天地之所有，被以人巧焉，以为养生送死之资。其治弥深，其术之所加弥广。直至今日，所牢笼弹压，驯伏驱除，若执古人而讯之，彼将谓是鬼神所为，非人力也。此无他，亦格致思索之功胜耳。此二百年中之讨索，可谓辟四千年未有之奇。然自其大而言之，尚不外日之初生，泉之始达，来者方多，有愿力者任自为之，吾又乌测其所至耶？是故居今而言学，则名、数、质、力为最精。纲举目张，可以操顺溯逆推之左券，而身心、性命、道德、治平之业，尚不过略窥大意，而未足以拨云雾睹青天也。然而格致程途，始模略而后精深，疑似参差，皆学中应历之境，以前之多所抵牾，遂谓无贯通融会之一日者，则又不然之论也。迨此数学者明，则人事庶有

[1] 巴斯噶尔：即布莱瑟·帕斯卡（1623—1662），法国数学家、物理学家、哲学家。

大中至正之准矣。然此必非笃古贱今之士之所能也。天演之学，将为言治者不祧之宗，达尔文真伟人哉！然须知万化周流，有其隆升，则亦有其污降。宇宙一大年也，自京垓亿载以还，世运方趋，上行之轨，日中则昃，终当造其极而下迤。然则言化者，谓世运必日亨，人道必止至善，亦有不必尽然者矣。自其切近者言之，则当前世局，夫岂偶然！经数百万年火烈水深之物竞，洪钧范物，陶炼砻磨，成其如是。彼以理气互推，此乃善恶参半。其来也既深且远如此，乃今者欲以数百年区区之人治，将有以大易乎其初。立达绥动之功虽神，而气质终不能如是之速化，此其为难偿虚愿，不待智者而后明也。然而人道必以是自沮焉，又不可也。不见夫叩气而吠之狗乎？其始，狼也。虽卧氍毹之上，必数四回旋转踏，而后即安者，沿其鼻祖山中跆藉之习，而犹有存也。然而积其驯伏，乃可使牧羊，可使救溺，可使守藏，矫然为义兽之尤。民之从教而善变也，易于狗。诚使继今以往，用其智力，奋其志愿，由于真实之途，行以和同之力，不数千年，虽臻郅治可也。况彼后人，其所以自谋者，将出于今人万万也哉。居今之日，藉真学实理之日优，而思有以施于济世之业者，亦惟去畏难苟安之心，而勿以宴安媮乐为的者，乃能得耳。欧洲世变，约而论之，可分三际为言：其始如侠少年，跳荡粗豪，于生人安危苦乐之殊，不甚了了。继则欲制天行之虐而不能，侘傺灰心，转而求出世之法，此无异填然鼓之之后，而弃甲曳兵者也。吾辈生当今日，固不当如鄂谟所歌侠少之轻剽，亦不学瞿昙黄面，哀生悼世，脱屣人寰，徒用示弱而无益来叶也。固将沉毅用壮，见大丈夫之锋颖，强立不反，可争可取而不可降。所遇善，固将宝而维之；所遇不善，亦无慬焉。早夜孜孜，合同志之力，谋所以转祸为福，因害为利而已矣。丁尼孙[1]之诗曰："挂帆沧海，风波茫茫。或沦无底，或达仙乡。二者何择？将然未然，时乎时乎，吾奋吾力。不竦不戁，丈夫之必。"吾愿与普天下有心人，共矢斯志也。

[1] 丁尼孙：即丁尼生（1809—1892），英国诗人。

Man's Place In Nature